安装工程造价算量一例通

工程造价员网　张国栋　主编

中国建筑工业出版社

图书在版编目（CIP）数据

安装工程造价算量一例通/张国栋主编. —北京：中国建筑工业出版社，2016.12
ISBN 978-7-112-19955-6

Ⅰ. ①安… Ⅱ. ①张… Ⅲ. ①建筑安装-建筑造价管理 Ⅳ.①TU723.3

中国版本图书馆 CIP 数据核字（2016）第 237520 号

安装工程造价算量一例通以《建设工程工程量清单计价规范》（GB 50500—2013）及《通用安装工程工程量计算规范》（GB 50856—2013）与部分省市的预算定额为依据，内容包含某医院照明系统安装工程设计、某楼宇安全防范系统设计、某文教建筑采暖工程设计、某教学楼给水排水工程设计、某商业建筑通风空调工程设计共计 5 个实例为背景选材，分别从照明、消防、采暖、给水、通风五个方面进行阐述，各自对应分别讲解了安装工程工程量清单计价及定额计价的基本知识和方法，结合工程算量的步骤分别从不同的方面详细讲解，做到了工程概况阐述清晰、工程图纸排列有序、工程算量有条不紊、工程单价分析前呼后应、工程算量要点提示收尾总结，使读者可以循序渐进，层层剖析，现学现用。

责任编辑：赵晓菲　毕凤鸣
责任设计：李志立
责任校对：焦　乐　张　颖

安装工程造价算量一例通
张国栋　主编

＊

中国建筑工业出版社出版、发行（北京海淀三里河路 9 号）
各地新华书店、建筑书店经销
霸州市顺浩图文科技发展有限公司制版
北京盈盛恒通印刷有限公司印刷

＊

开本：787×1092 毫米　1/16　印张：14¼　字数：318 千字
2017 年 10 月第一版　　2017 年 10 月第一次印刷
定价：**35.00** 元
ISBN 978-7-112-19955-6
（29437）

编写人员名单

主　编　工程造价员网

　　　　　张国栋

参　编　郭芳芳　　赵小云　　马　波　　刘　瀚

　　　　　洪　岩　　王希玲　　陈艳平　　张紧紧

　　　　　毛思远　　李鹏超　　古家磊　　刘晓光

　　　　　牛家乐　　张永胜　　袁庆勇　　任颖颖

　　　　　王娅静　　宋宗亮　　范如梦　　唐娟彬

前　言

　　在现代工程建设中，工程造价是规范建设市场秩序，提高投资效率和逐步与国际造价接轨的重要环节具有很强的技术性、经济性和政策性。为了能全面提高造价工作者的实际操作水平，我们特组织编写此书。

　　本书通过五个不同方向的案例，结合定额和清单分成不同的层次，具体操作过程按照实际预算的过程步步为营，慢慢过渡到不同项目的综合单价的分析。书中通过一个完整的实例，在整体布局上尽量做到按照造价操作步骤进行合理安排，从工程概况—图纸识读—相应的清单和定额工程量计算—工程算量计量技巧—对应的综合单价分析，按照台阶上升的节奏一步一步进深，将整本书的前后关联点串讲起来，全书涉及的安装工程造价知识点比较全面，较完整地将安装工程造价的操作要点及计算要核汇总在一起，为造价工作者提供了完善且可靠的参考资料。

　　本书在编写时参考了《建设工程工程量清单计价规范》GB 50500—2013、《通用安装工程工程量计算规范》GB 50856—2013 和相应定额，以实例阐述各分项工程的工程量计算方法和相应综合单价分析，同时也简要说明了定额与清单的区别，其目的是帮助工作人员解决实际操作问题，提高工作效率。

　　该书工程量计算讲解改变了传统模式，不再是一连串让人感到枯燥的数字，而是在每个分部分项的工程量计算之后相应地辅以详细的注释解说，读者即使不知道该数据的来由，在结合注释解说后也能够理解，从而加深对该部分知识的应用。

　　本书与同类书相比，其显著特点是：

　　（1）实际操作性强。书中主要以实际案例详解说明实际操作中的有关问题及解决方法，便于提高读者的实际操作水平。

　　（2）涵盖全面。通过一个完整的工程实例，从最初的工程概况介绍到相应分项工程的综合单价分析，系统且全面地讲解了安装工程造价所包含的内容与操作步骤。

　　（3）在全面的工程量计算与综合单价分析之后，将重要的工程算量计算要点列出来，方便读者快捷学习和使用。

　　（4）该书结构清晰，内容全面，层次分明，针对性强，覆盖面广，适用性和实用性强，简单易懂，是造价者的一本理想参考书。

　　本书在编写过程中，得到了许多同行的支持与帮助，在此表示感谢。由于编者水平有限和时间紧迫，书中难免有错误和不妥之处，望广大读者批评指正。如有疑问，请登录 www.gczjy.com（工程造价员网）或 www.ysypx.com（预算员网）或 www.debzw.com（企业定额编制网）或 www.gclqd.com（工程量清单计价网），或发邮件至 zz6219@163.com 或 dlwhgs@tom.com 与编者联系。

目　录

精讲实例 1
某医院照明系统安装工程设计

1.1 简要工程概况

某市新建一中心医院，该医院共有四层，每层层高为 4.0m。现在需要对其进行照明系统的安装。由于医院用电方面属于一类负荷，因此医院将额外建有专门的配电室来对医院进行供电。医院的电气照明配线除手术室外均采用铝芯聚氯乙烯绝缘电线 BLV—2.5mm^2，手术室因为安装的设备用电量大且可靠性必须得到保证，所以采用型号 BLV—4.0mm^2 的电线。配管在主干线上（楼层之间的连接）选用砖、混凝土结构暗配镀锌电线管，公称直径为 40mm，周围的室内配管选用 PVC 阻燃塑料管暗敷设，走廊两边选用直径为 70mm，单独的室内配线选用直径为 32mm。开关安装高度为 1.0m，插座安装高度为 0.45m。

医院一楼分布有咨询处和挂号处、各个科室，如：内科、儿科、耳鼻喉科、妇产科、肛肠科、眼科（在此说明，各个科室安装的灯具为六罩的普通吸顶灯）等，根据不同科室的需要，配置不同类型的灯具。建筑楼两旁分别设有楼梯和电梯，当病人需要急救和手术室时，手术台均由电梯运至手术室。楼梯选用的灯具为双罩的普通壁灯，而电梯采用的灯具为嵌入式筒灯，在观察室（休息室）安装八罩的普通吸顶灯，在打点滴室和医生休息室均安装双管无吊顶荧光灯，走廊所用灯采用普通半球式吸顶灯，仓库采用防潮灯，厕所采用软线吊灯（固定式）。

医院二楼主要是妇产科病房和手术室、普通病房、特护病房、婴儿室、儿童病房，不同的房间的照明灯具不同，护士值班室设置的是病房叫号灯，在病房里面除了设置基本的照明灯具外，还需要设置病房暗脚灯和叫护士灯、病床指示灯、病房门信号灯。在手术室内，需要安装手术室无影灯。由于二楼主要为妇产科病房，在婴儿房和儿童病房需要设置特殊的灯具，采用的是白桃罩壁灯。

医院三楼主要是病房和内科手术室，病房的基本构造和二楼相似，化验室和化疗室采用的是嵌入式碘钨灯。

医院四楼设有高级病房（主要是一个人住，环境较好）和疗养健身室，健身室设置的插座比较多。

1.2 工程图纸识读

1. 照明工程图的构成

照明工程图主要有系统图、平面图、大样图等。

1）系统图

系统图主要反映了整个照明系统的配电情况、主要特征。系统图的阅读方法：根据电流入户方向，由进户线—配电箱—各支路的顺序依次阅读，读懂系统图，对整个图纸有一个总体认识，再按照电源进线—配电支线—用电设备的顺序识读。

系统图的识图要点：

（1）了解照明系统的供电方式和相数；

（2）了解照明系统的回路数、线路分配情况、电缆的型号规格、敷设方式；

（3）了解开关及熔断器的型号、规格。

2）平面图

平面图主要反映了电气设备的布置情况、照明回路情况、电气设备的连接情况等。平面图的阅读顺序为进户线—总配电箱—干线—分配电箱—支线—用电设备。

平面图的识图要点：

（1）了解配电箱的平面位置；

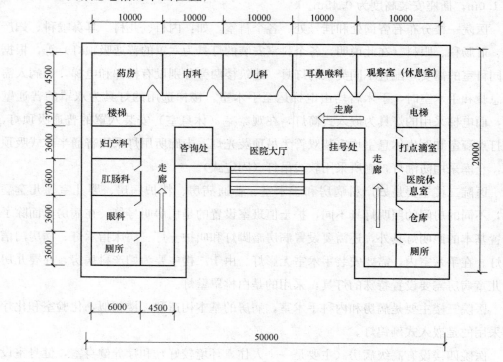

图 1-1 医院一层平面布置图

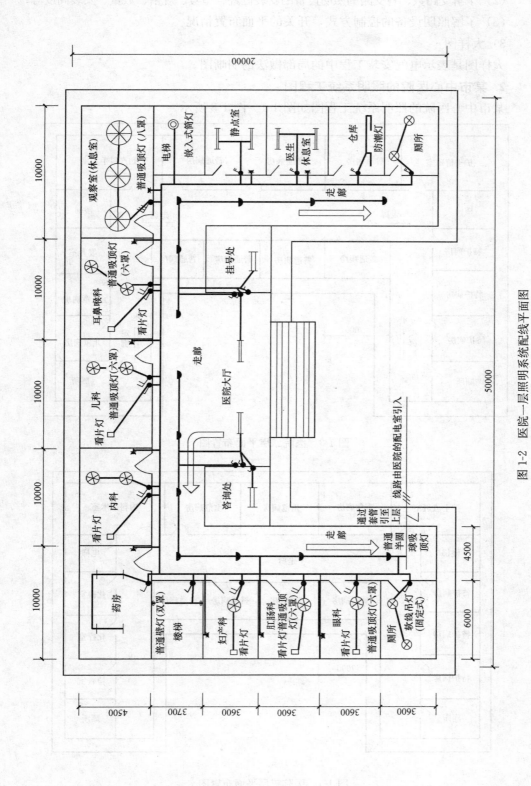

图1-2 医院一层照明系统配线平面图

（2）了解支路数、各支路的照明设备的安装位置、型号、规格、数量、安装高度等；

（3）了解照明设备的控制方式，开关的平面布置情况。

3）大样图

大样图是表示电气安装工程中的局部做法的明晰图。

2. 某市中心医院的照明系统工程图

某市中心医院的照明系统工程图如图 1-1～图 1-8 所示。

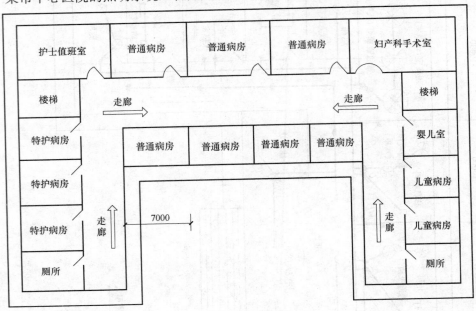

图 1-3　医院二层平面布置图

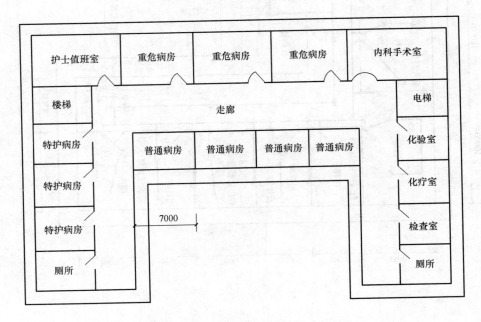

图 1-4　医院三层平面布置图

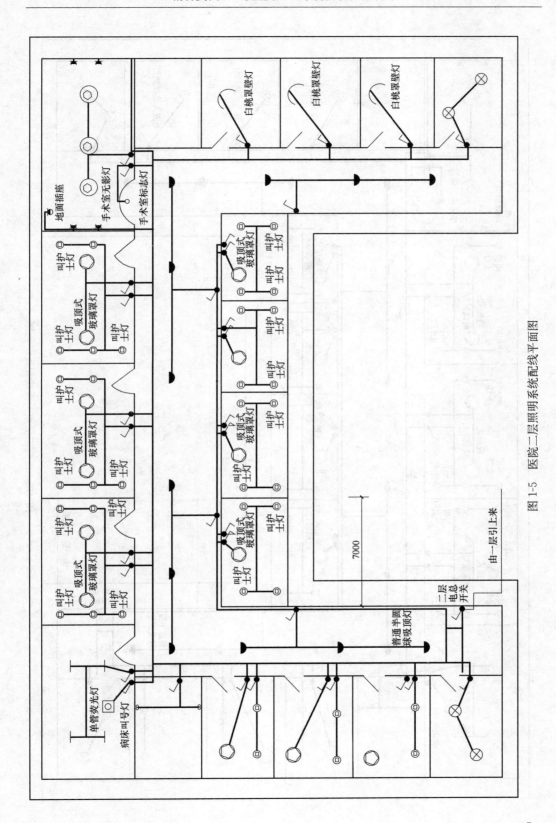

图 1-5　医院二层照明系统配线平面图

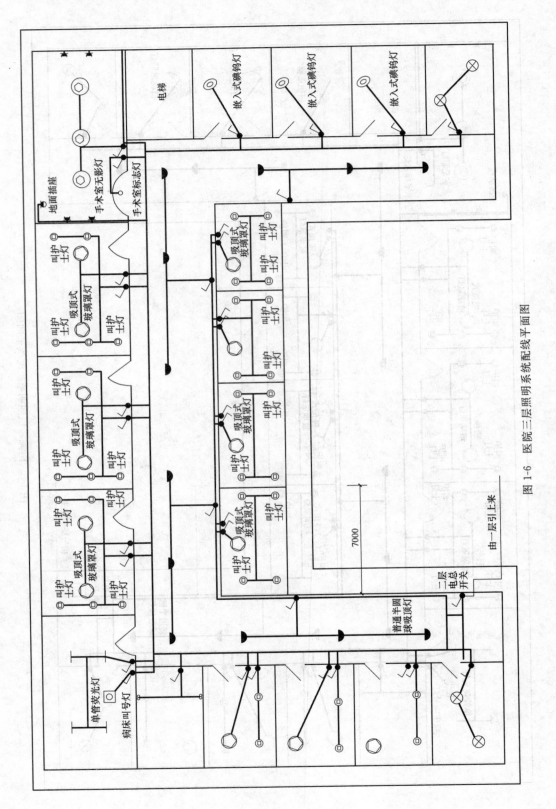

图 1-6 医院三层照明系统配线平面图

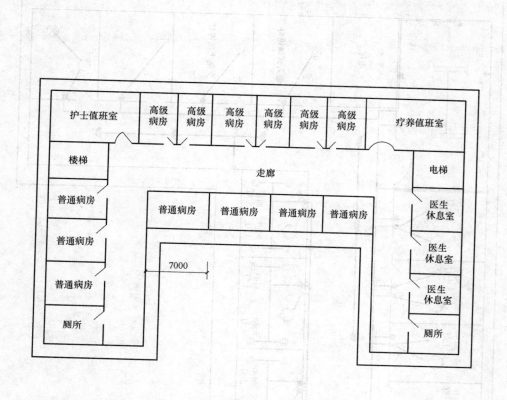

图 1-7 医院四层平面布置图

3. 识图解析

以图 1-2 医院一层照明系统配线平面图为例，从平面图上可以了解以下内容：

（1）医院的总干线是从配电室引入的，位于眼科附近，并通过套管引至上层，共 3 根。

（2）总干线出来有 2 根支线，一根引入走廊，另一根引入各个科室等。从图上可以知道，走廊上安装的都是普通半圆球吸顶灯；在大厅、咨询处、挂号处安装的是荧光灯；厕所安装的是软线固定式吊灯；眼科、肛肠科、妇产科等安装的是 6 盏普通吸顶灯及看片灯；妇产科旁边的楼梯安装的是双罩普通壁灯；药房安装的是荧光灯；内科、儿科安装的是 6 盏普通吸顶灯及看片灯；观察室安装的是 8 盏普通吸顶灯，其旁边的电梯安装的是嵌入式筒灯；静点室、医生休息室安装的是荧光灯；仓库安装的是防潮灯。

（3）厕所、走廊、大厅、咨询处、挂号处等处的灯及看片灯都是一个单极开关控制的，眼科、肛肠科、妇产科、内科等处的灯都是一个双极开关控制的，观察室的灯是由一个三极开关控制的。在观察室、打点滴室、医生休息室安装一个明装单相三极插座。

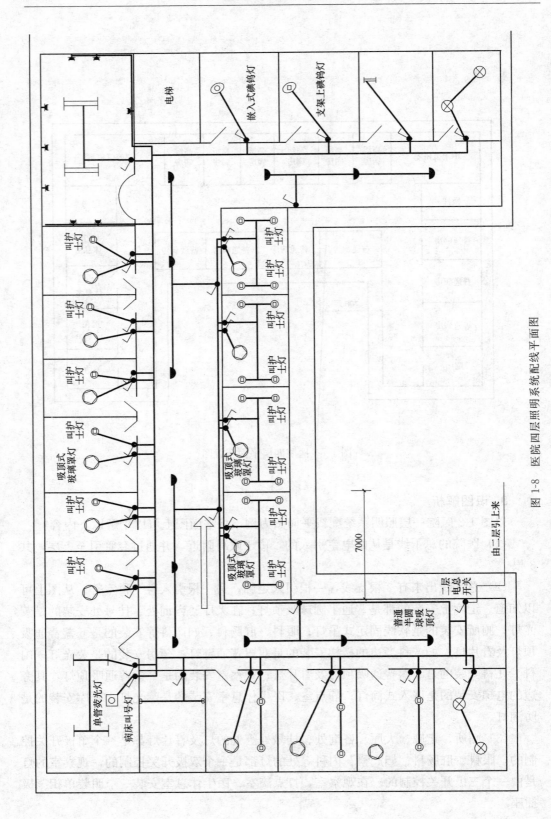

图 1-8 医院四层照明系统配线平面图

1.3 工程量计算规则

工程量计算规则是计算工程量的基础，只有理解工程量计算规则，才可以正确地计算工程量。

1. 清单工程量计算规则

某医院照明系统所涉及的项目编码及清单工程量计算规则见表1-1。

2. 定额工程量计算规则

某医院照明系统所涉及的定额工程量计算规则：

（1）管内穿线分型号，按导线截面以米计算。

清单工程量计算规则 表 1-1

项目编码	项目名称	工程量计算规则
030411001	配管	按设计图示尺寸以长度计算
030411004	配线	按设计图示尺寸以单线长度计算（含预留长度）
030412005	荧光灯	按设计图示数量计算
030412001	普通灯具	按设计图示数量计算
030412006	医疗专用灯	按设计图示数量计算
030412002	工厂灯	按设计图示数量计算
030412004	装饰灯	按设计图示数量计算
030404031	小电器	按设计图示数量计算

（2）管路敷设按建筑物结构类型，分材质、规格及安装方式以米计算。不扣除管路中间接线盒、箱、灯头盒、开关盒所占长度。

（3）灯具、开关、插座、按钮以及电铃均以套计算。

1.4 工程算量讲解

一、清单工程量计算

1. 电气配线 项目编码：030411004

医院的电气照明配线除手术室外均采用铝芯聚氯乙烯绝缘电线 BLV—2.5mm²，手术室因安装的设备用电量大且可靠性必须得到保证，所以采用型号 BLV—4.0mm² 的电线。导线沿墙暗敷设，医院每个地方的配线均为3根火线和1根零线。在后面计算式中可以体现出来。

①一层的导线长度

BLV—2.5mm² 火线长度：

$L_{11} = \{(1.7 + 3.6 \times 3 + 3.7 + 3.0 + 10.0 \times 3 + 4.0 + 3.7 + 3.6 \times 3 + 1.7) + [(1.5 + 3.5) \times 2 + (1.0 + 5.5) \times 3 + (4.0 - 1.0) \times (17 + 6) + 1.0 + 3.65 + 2.0 + 5.0 + (6.5 + 1.5 + 3.0) \times 3 + 2.0 + 2.8 \times 2 + 4.8 + (3.0 + 3.0) \times 2 + 1.5 + 2.0] + (2.0 +$

4.5×11)+(4.2×2+3.7+3.0)×2}×3m

=(69.4+171.05+51.5+30.2)×3m

=(322.15×3)m=966.45m

【注释】 1.7m——一楼左侧厕所开关至眼科室的电线长度;

3.6m——眼科室房间的宽度,即为走廊敷设在眼科室旁的电线长度;

3——眼科室、肛肠科、妇产科的宽度相同,故乘以3;

3.7m——沿楼梯旁的电线长度;

3.0m——楼梯至内科室的水平导线长度;

10.0m——内科、儿科和耳鼻喉科室的长度,故后面乘以3;

4.0m——走廊处沿休息室墙暗敷设的电线长度;

3.7m——电梯的宽度,即为沿电梯的电线的长度;

3.6m——打点滴室、医生休息室和仓库的宽度,和左边房间长度相同,故后面乘以3;

1.7m——右侧厕所沿墙电线的长度;

1.5m——左侧厕所开关至软线吊灯的距离长度;

3.5m——两个软线吊灯之间的距离;

2——左右厕所布线对称,故乘以2;

1.0m——眼科室开关至普通吸顶灯(六罩)之间的距离;

5.5m——普通吸顶灯至看片灯之间的长度;

4.0m——楼层的高度;

1.0m——开关的安装高度;

17——一楼走廊内侧的所有房间所安装的开关个数;

6——咨询处和挂号处房间内外安装的开关个数;

1.0m——电梯处所需导线的水平长度;

3.65m——2个双罩普通壁灯之间的距离;

2.0m——药房开关至最近荧光灯的距离;

5.0m——药房2个荧光灯之间的距离;

6.5m——内科室看片灯与开关之间的距离;

1.5m——内科室开关至普通吸顶灯的距离;

3.0m——2个普通吸顶灯之间的距离;

2.0m——观察室处开关至最近普通八罩吸顶灯之间的距离;

2.8m——普通八罩吸顶灯之间的距离;

4.8m——走廊至电梯里的嵌入式筒灯之间的导线长度;

3.0m——打点滴室的开关处至灯的水平距离;

3.0m——2个双管荧光灯之间的导线长度;

2——因为医生休息室和打点滴室的布线相同,故乘以2;

1.5m——仓库开关至灯的距离;

　　2.0m——仓库2个灯之间的距离；

　　2.0m——走廊所用灯至走廊内侧之间的水平距离；

　　4.5m——走廊里每2个吸顶灯之间的距离；

　　　11——走廊里两灯间距相等的灯间距个数；

　　4.2m——走廊线至咨询处外面的控制开关之间的距离，此处总共2处线路，故后面乘以2；

　　3.7m——开关至大厅荧光灯的距离；

　　3.0m——开关至咨询室灯的距离；

　　　　2——咨询室和挂号室对称布线，故所用导线相同，故乘以2；

　　　　3——每处的走线需要3根火线，故乘以3。

BLV—2.5mm² 零线导线长度：

L_{12} ＝（1.7＋3.6×3＋3.7＋3.0＋10.0×3＋4.0＋3.7＋3.6×3＋1.7）＋[（1.5＋3.5）×2＋（1.0＋5.5）×3＋（4.0－1.0）×（17＋6）＋1.0＋3.65＋2.0＋5.0＋（6.5＋1.5＋3.0）×3＋2.0＋2.8×2＋4.8＋（3.0＋3.0）×2＋1.5＋2.0]＋（2.0＋4.5×11）＋（4.2×2＋3.7＋3.0）×2m

　　＝322.15m

【注释】　具体数据解释参照计算120mm²时的注释说明，意思相同，一根零线，故不再乘以3，下同。

插座所用的导线（BLV—2.5mm²）长度为：

L_{13} ＝[（6.0＋4.0－0.45）×3＋2.5×4＋（4.0－0.45）×8]m＝67.05m

【注释】　6.0m——眼科室插座与沿走廊暗敷设线路的水平导线长度；

　　　　4.0m——房间高度；

　　　0.45m——插座安装的高度；

　　　　3——因为眼科、肛肠科、妇产科3个房间的插座布线相同，故乘以3；

　　　2.5m——药房的插座与走廊布线的竖直距离；

　　　　4——水平方向上4个房间的插座布线相同，因此乘以4；

　　　　8——一层剩余的插座个数。

故一层所需的 BLV—2.5mm² 导线长度为：

L_1 ＝（966.45＋322.15＋67.05）m＝（1288.60＋67.05）m＝1355.65m

② 二层的配线长度

BLV—2.5mm² 火线长度：

L_{21} ＝{（1.7＋3.6×3＋3.7＋3.0＋10.0×3＋4.0＋3.7＋3.6×3＋1.7）＋[4.5＋10.8＋7.0×3＋4.0＋（1.5＋3.5）×2＋（2.0＋3.5＋6.4）×3＋1.0＋3.65＋3.6＋2.0＋5.0＋（3.0＋8.0＋3.4×3＋7.0）×3＋（4.0×4－1.0）＋5.0×3]＋[（4.5－2.0）＋4.5×2]×4＋（4.0－1.0）×33}×3m

　　＝（69.4＋215.85＋46＋99）×3m

　　＝430.25×3m

＝1290.75m

【注释】 (1.7＋3.6×3＋3.7＋3.0＋10.0×3＋4.0＋3.7＋3.6×

3＋1.7)m——和前面计算一层的部分计算式相同，数据意义可参考一层的注释说明，这里不再赘述；

4.5m——走廊的宽度，这里表示从一楼引上二楼的线在走廊之间的水平导线长度；

10.8m——引上的线沿墙右侧敷设至该侧最近的病房之间的长度；

7.0m——普通病房的长度，因为线路需要穿过3个房间，故乘以3；

4.0m——线路至另一个房间的沿墙敷设的长度；

(1.5＋3.5)×2m——左右2个厕所所需要的导线长度，具体数据说明参考上面的注释；

2.0m——厕所旁的特护病房总开关至最近叫护士灯的导线长度；

3.5m——特护病房两个叫护士灯之间的导线长度；

6.4m——开关至吸顶式玻璃罩灯之间的导线长度；

3——3个特护病房的布线相同，故乘以3；

1.0m——电梯处所需导线的水平长度；

3.65m——2个双罩普通壁灯之间的距离；

3.6m——护士值班室中开关至病床叫号灯之间的导线长度；

2.0m——值班室开关至最近荧光灯的距离；

5.0m——值班室两个荧光灯之间的距离；

3.0m——普通病房中控制叫护士灯与开关的竖直导线长度（如图1-4所示）；

8.0m——叫护士灯之间的水平距离；

3.4m——2个叫护士灯之间的导线长度，每个房间共3处，故乘以3；

7.0m——病房中2个吸顶式玻璃罩灯之间的导线长度；

3——附近2个病房与其布线相同，因此乘以3；

4.0m——每层楼的层高；

4——即4层；

1.0m——开关安装高度，(4.0×4－1.0)m表示电梯四层楼高所需的电线长度，以后不再计算；

5.0m——婴儿室开关至灯之间的导线长度，附近的2个儿童病房和其布线一样，因此乘以3；

4.5m——走廊的宽度；

2.0m——走廊吸顶灯与厕所灯之间导线的水平距离，(4.5－2.0)m即为走廊另一侧开关至走廊灯的水平导线长度；

　　　　4.5m——走廊里每两个吸顶灯之间的距离；

　　　　　4——总共 4 处类似的布线，可参考图 1-4 所示，故乘以 4；

　　(4.0−1.0)m——开关安装所需要的导线长度；

　　　　33——该层共安装的开关个数（手术室除外）。

BLV—2.5mm^2 零线导线长度：

$L_{22}=\{(1.7+3.6\times3+3.7+3.0+10.0\times3+4.0+3.7+3.6\times3+1.7)+[4.5+$
$10.8+7.0\times3+4.0+(1.5+3.5)\times2+(2.0+3.5+6.4)\times3+1.0+3.65+$
$3.6+2.0+5.0+(3.0+8.0+3.4\times3+7.0)\times3+(4.0\times4-1.0)+5.0\times3]$
$+[(4.5-2.0)+4.5\times2]\times4+(4.0-1.0)\times33\}m$

$\quad=430.25m$

BLV—4mm^2（手术室的配线选择）导线的长度：

$L_{23}=[2.8+3.2+3.5\times2+(4.0-1.0)\times2]\times3m=19.0\times3m=57.00m$

【注释】　2.8m——开关至手术室标志灯之间的水平导线长度；

　　　　3.2m——开关至手术室无影灯之间的竖直导线长度；

　　　　3.5m——手术室无影灯之间的导线长度；

　　　　4.0m——楼层高度；

　　　　1.0m——开关安装的高度；

　　　　　2——手术室总的开关数。

$L_{24}=[2.8+3.2+3.5\times2+(4.0-1.0)\times2]m=19.00m$

【注释】　参考上面的注释说明。

插座需要的 BLV—4mm^2 导线长度：

$L_{25}=[4.5+1.0+5.5+3.6+(4.0-0.45)\times4+4.0]m=32.80m$

【注释】　4.5m——手术室左侧的插座所用的导线竖直长度（如图 1-4 所示）；

　　　　1.0m——沿左侧墙角拐弯接至地面插座的导线水平长度；

　　　　5.5m——至左侧插座的水平导线长度；

　　　　3.6m——沿右墙角拐弯处至插座的竖直导线长度；

　　　　4.0m——层高；

　　　　0.45m——插座安装的高度；

　　　　　4——总共 4 处；

　　　　4.0m——地面插座需要的导线长度。

二层需要的 BLV—2.5mm^2 型号的导线长度为：

$L_{2-1}=(1290.75+430.25)m=1721.00m$

BLV—4mm^2 型号的导线长度为：

$L_{2-2}=(57.00+19.00+32.80)m=108.80m$

③三层的配线长度

由图可看出，三层配线基本上和二层配线相同，只是因为面对的病人群体不同，因此：

BLV—2.5mm² 火线长度　　　　$L_{31}=L_{21}=1290.75$m

BLV—2.5mm² 零线导线长度　　$L_{32}=L_{22}=430.25$m

BLV—4mm² 火线长度　　　　　$L_{33}=L_{23}=57.00$m

BLV—4mm² 零线导线长度　　　$L_{34}=L_{24}=19.00$m

因此三层需要的 BLV—2.5mm² 型号的导线长度为：

$L_{3-1}=(1290.75+430.25)$m$=1721.00$m

BLV—4mm² 型号的导线长度为：$L_{3-2}=(57.00+19.00+32.80)m=108.80$m

④ 四层的配线长度

四层的配线布置与三层的不同处在于：三层走廊一侧的重危病房位置在四楼处为高级病房（每个房间只住一人），房间布线不太相同，另外，在三楼手术室位置，四楼选择建一疗养健身室，其他布线均相同，因此：

BLV—2.5mm² 火线长度：

$L_{41}=\{(1.7+3.6\times3+3.7+3.0+10.0\times3+4.0+3.7+3.6\times3+1.7)+[4.5+10.8+$

$7.0\times3+4.0+(1.5+3.5)\times2+(2.0+3.5+6.4)\times3+1.0+3.65+3.6+2.0+$

$5.0+(2.5+3.2)\times6+5.0\times3]+[(4.5-2.0)+4.5\times2]\times4+(4.0-1.0)\times$

$40\}\times3$m

$=(69.4+150.45+46+120)\times3$m

$=385.85\times3$m$=1157.55$m

【注释】　$(1.7+3.6\times3+3.7+3.0+10.0\times3+4.0+3.7+3.6\times$

　　　　　　$3+1.7)$m——和前面计算一层的部分计算式相同，数据意义可参考一

　　　　　　　　　　层的注释说明，这里不再赘述；

　　　　　　4.5m——走廊的宽度，这里表示从一楼引上二楼的线在走廊之间

　　　　　　　　　　的导线长度；

　　　　　　10.8m——引上的线沿墙右侧敷设至该侧最近的病房之间的长度；

　　　　　　7.0m——普通病房的长度，因为线路需要穿过3个房间，故乘以3；

　　　　　　4.0m——线路至另一个房间的沿墙敷设的长度；

　　　　$(1.5+3.5)\times2$m——左右2个厕所所需要的导线长度，具体数据说明参考上

　　　　　　　　　　面的注释；

　　　　　　2.0m——厕所旁的普通病房总开关至最近叫护士灯的导线长度；

　　　　　　3.5m——普通病房2个叫护士灯之间的导线长度；

　　　　　　6.4m——开关至吸顶式玻璃罩灯之间的导线长度；

　　　　　　　3——3个普通病房的布线相同，故乘以3；

　　　　　　1.0m——电梯处所需导线的水平长度；

　　　　　　3.65m——2个双罩普通壁灯之间的距离；

　　　　　　3.6m——护士值班室中开关至病床叫号灯之间的导线长度；

　　　　　　2.0m——值班室开关至最近荧光灯的距离；

　　　　　　5.0m——值班室2个荧光灯之间的距离；

2.5m——高级病房中开关与叫护士灯之间的导线长度（如图1-8
所示）；

3.2m——开关与吸顶式玻璃罩灯之间的导线长度；

6——附近5个高级病房与其布线相同，因此乘以6；

5.0m——医生休息室开关与灯的导线长度，3个房间布线相同，
因此乘以3；

4.5m——走廊的宽度；

2.0m——走廊吸顶灯与厕所灯之间导线的水平距离，（4.5－
2.0)m即为走廊另一侧开关至走廊灯的水平导线长度；

4.5m——走廊里每两个吸顶灯之间的距离；

4——总共四处类似的布线，可参考图1-8所示，故乘以4；

(4.0－1.0)m——开关安装所需要的导线长度；

40——该层共安装的开关个数。

BLV—2.5mm² 零线长度：

$$L_{42}=(69.4+150.45+46+120)\text{m}=385.85\text{m}$$

插座所需要的 BLV—2.5mm² 型号的导线长度为：

$$L_{43}=[4.5+6.2+5.0+4.0+(4.0-0.45)\times8]\text{m}=48.10\text{m}$$

【注释】　4.5m——疗养健身室左侧插座的竖直布线长度；

6.2m——左侧拐角处水平布线长度；

5.0m——右侧插座水平布线长度；

4.0m——右侧插座竖直布线长度；

0.45m——插座安装的高度；

8——总共有8处插座，故乘以8。

因此四层需要的 BLV—2.5mm² 型号的导线长度为

$$L_4=(1157.55+385.85+48.10)\text{m}=(1543.40+48.10)\text{m}=1591.50\text{m}$$

所以，本医院总需要的 BLV—2.5mm² 型号的导线长度为：

$$L=L_1+L_{2-1}+L_{3-1}+L_4+4.0\times3$$
$$=(1355.65+1721.00\times2+1591.50+12)\text{m}$$
$$=6401.15\text{m}$$

【注释】　2——因为二层和三层所用的导线长度相同，故乘以2；

4.0m——每层的层高；

3——总共四层，需要3段这样的电线。

BLV—4mm² 型号的导线长度为：

$$L'=L_{2-2}+L_{3-2}=(108.80+108.80)\text{m}=217.60\text{m}$$

2. 电气配管　　项目编码：030411001

配管在主干线上（楼层之间的连接）选用砖、混凝土结构暗配镀锌电线管，公称
直径为40mm，周围的室内配管选用 PVC 阻燃塑料管暗敷设，走廊两边直径选用

70mm，单独的室内配线选用直径为 32mm。

镀锌电线管 $DN40$：$L_1'' = 4.0 \times 3 = 12.00m$

① 一层配管长度（PVC 阻燃塑料管暗敷设（$DN70$））

$L_{11}' = [1.7 + 3.6 \times 3 + 3.7 + 3.0 + 10.0 \times 3 + 4.0 + 3.7 + 3.6 \times 3 + 1.7) + (4.2 +$
$\qquad 3.7) \times 2 + (2.0 + 4.5 \times 11)]m$
$\qquad = (69.4 + 15.8 + 51.5)m = 136.70m$

【注释】 $(1.7 + 3.6 \times 3 + 3.7 + 3.0 + 10.0 \times 3 + 4.0 + 3.7 + 3.6 \times 3 +$
$\qquad\qquad 1.7)m$——和前面注释的意义相同，可参考前面注释；

$\qquad\qquad 4.2m$——走廊灯至一层开关处的竖直距离，两根线布入同一根管中；

$\qquad\qquad 3.7m$——开关至荧光灯之间的配管长度。

PVC 阻燃塑料管暗敷设（$DN32$）：（包括室内及楼梯、电梯处的一些配线）

$L_{12}' = [(1.5 + 3.5) \times 2 + (1.0 + 5.5) \times 3 + (4.0 - 1.0) \times (17 + 6) + 1.0 + 3.65 +$
$\qquad 2.0 + 5.0 + (6.5 + 1.5 + 3.0) \times 3 + 2.0 + 2.8 \times 2 + 4.8 + (3.0 + 3.0) \times 2 +$
$\qquad 1.5 + 2.0 + 3.0 \times 2 + 67.05]m$
$\qquad = 244.10m$

【注释】 具体数据参考相应的配线注释，这里不再详述。

② 二层配管长度

PVC 阻燃塑料管暗敷设（$DN70$）：

$L_{21}' = \{(1.7 + 3.6 \times 3 + 3.7 + 3.0 + 10.0 \times 3 + 4.0 + 3.7 + 3.6 \times 3 + 1.7) + 4.5 +$
$\qquad 10.8 + 7.0 \times 3 + 4.0 + [(4.5 - 2.0) + 4.5 \times 2] \times 4\}m$
$\qquad = (109.7 + 46)m = 155.70m$

【注释】 $DN70$ 型号的配管主要包括走廊里的灯具配管，具体数据说明参照之前注释。

PVC 阻燃塑料管暗敷设（$DN32$）：$L_{22}' = (430.25 - 155.70 + 32.80)m = 307.25m$

【注释】 $430.25m$——二层单线（除插座外）长度，减去 $155.70m$（$DN70$）后
$\qquad\qquad\qquad$ 为室内和电梯、楼梯之间的配管长度；

$\qquad\qquad 32.8m$——插座的配管长度。

③ 三层配管长度

PVC 阻燃塑料管暗敷设（$DN70$）：$L_{31}' = L_{21}' = 155.70m$

PVC 阻燃塑料管暗敷设（$DN32$）：$L_{32}' = L_{22}' = 307.25m$

【注释】 三层配管和二层配管长度相同，因此直接套用二层的配管数据。

④ 四层配管长度

PVC 阻燃塑料管暗敷设（$DN70$）：

$L_{41}' = \{(1.7 + 3.6 \times 3 + 3.7 + 3.0 + 10.0 \times 3 + 4.0 + 3.7 + 3.6 \times 3 + 1.7) + (4.5 +$
$\qquad 10.8 + 7.0 \times 3 + 4.0) + [(4.5 - 2.0) + 4.5 \times 2] \times 4\}m$
$\qquad = 115.40m$

【注释】 四层的 $DN70$ 配管主要包括沿走廊两旁暗敷设的配管长度，再加上走

廊中间灯具所需的配管长度。

PVC阻燃塑料管暗敷设（DN32）：$L_{42}' = (385.85 - 115.4 + 48.1)\text{m} = 318.55\text{m}$

【注释】　385.85m——四层总的单线长度，插座配管除外；

　　　　　115.4m——DN70型号的配管长度；

　　　　　48.1m——插座的配管长度。

因此，该医院所需要配管长度：

DN70型号的PVC阻燃塑料管长度为：

$L_2'' = L_{11}' + L_{21}' + L_{31}' + L_{41}'$

　　$= (136.70 + 155.70 + 155.70 + 115.40)\text{m}$

　　$= 563.50\text{m}$

DN32型号的PVC阻燃塑料管长度为：

$L_3'' = L_{12}' + L_{22}' + L_{32}' + L_{42}'$

　　$= (244.10 + 307.25 + 307.25 + 318.55)\text{m}$

　　$= 1177.15\text{m}$

3. 荧光灯　　项目编码：030412005

① 嵌入式单管荧光灯　　2×4 套＝8套

【注释】　2——一层药房、二至三层护士值班室所安装的荧光灯套数；

　　　　　4——共四个房间，故乘以4。

② 嵌入式双管荧光灯　　（8+2）套＝10套

【注释】　8——一层安装的双管荧光灯套数；

　　　　　2——四层健身室安装的荧光灯套数。

4. 普通灯具　　项目编码：030412001

① 软线吊灯（固定式）　　$(2 \times 2) \times 4$ 套＝16套

【注释】　2——每个厕所安装2套灯具，每层共2个厕所，故乘以2；

　　　　　4——总共4层。

② 普通吸顶灯（六罩）吊顶上安装　　9套

【注释】　9——只有一层使用该灯具，由图可知共9套。

③ 普通吸顶灯（八罩）吊顶上安装　　3套

【注释】　3——一层使用，共3套。

④ 嵌入式筒灯　1套（电梯处安装）

⑤ 半圆球式吸顶灯（即为单罩吊顶上安装）　　（13+12×3）套＝49套

【注释】　13——一层安装的半圆球式吸顶灯灯具套数；

　　　　　12——二层安装的半圆球式吸顶灯套数；

　　　　　3——二至四层安装的套数相同，故乘以3。

⑥ 普通双罩壁灯　　2×4 套＝8套

【注释】　2——每层楼梯间两套；

　　　　　4——共4层，故乘以4。

⑦ 白桃罩壁灯　　1×3 套＝3 套

【注释】 1——二层儿童病房里安装一套，供孩子在此停留照明，共 3 个房间，故乘以 3。

5. 医疗专用灯　　项目编码：030412006

① 叫护士灯 15 号

二层：(2×3＋5×3＋4×4)套＝37 套

【注释】 2——特护病房里每个房间的叫护士灯套数，总共 3 个这样的房间，故后面乘以 3；

　　　　 5——走廊一侧普通病房每个房间的安装套数；

　　　　 3——相同安装套数的房间有 3 间；

　　　　 4——走廊另一侧的普通病房每个房间的安装套数，共 4 间此房间，故乘以 4。三层：和二层安装结构相同，所用的叫护士灯套数也相同，故为 37 套

四层：(2×3＋4×4＋1×6)套＝28 套

【注释】 2——普通病房里每个房间的叫护士灯套数，总共 3 个这样的房间，故后面乘以 3；

　　　　 4——走廊另一侧的普通病房每个房间的安装套数，共 4 间此房间，故乘以 4；

　　　　 1——每个高级房间安装的叫护士灯数；

　　　　 6——高级房间间数。

所以，总的叫护士灯数为：(37＋37＋28)套＝102 套

② 病床叫号灯

因为叫护士灯和病床叫号灯相对应，因此，病床叫号灯套数为 102 套。

③ 病床指示灯

病床指示灯与叫护士灯一起安装，图中并未显示，其安装套数和叫护士灯套数相同，共 102 套。

④ 手术室无影灯　　3×2 套＝6 套

【注释】 3——一个手术室安装的手术室无影灯的套数；

　　　　 2——共 2 个手术室，故乘以 2。

⑤ 看片灯　　6 套

【注释】 6——一层每个科室安装 1 套，共 6 套。

6. 装饰灯　　项目编码：030412004

吸顶式玻璃罩灯

灯体半周长 1500mm，灯体垂吊长度为 400mm。

二层：(1×3＋2×3＋1×4)套＝13 套

【注释】 1——特护病房每个房间安装 1 套；

　　　　 3——共 3 间特护病房；

　　2——走廊一侧的普通病房每间安装2套，共3间，故乘以3；

　　1——走廊另一侧普通病房安装的套数，共4间，故后面乘以4。

三层：和二层布设相同，故为13套

四层：1×13＝13套

【注释】　1——该层病房的每个房间布设1套；

　　　　　13——该层共13间病房，故乘以13。

所以，总的玻璃罩灯套数为：（13＋13＋13）套＝39套

7. 工厂灯　　项目编码：030412002

① 嵌入式碘钨灯　　4套

【注释】　如图1-8所示，四层用1套此灯具，如图1-6所示，三层用3套此灯具，共选用4套。

② 支架上碘钨灯　　1套

【注释】　如图1-8所示，该层用1套此灯具。

③ 防潮灯　　2套

【注释】　如图1-2所示，二层儿童病房旁的仓库选用此灯具，该房间选用2套。

8. 小电器　　项目编码：030404031

① 跷板式暗开关（单控）单联　　（12＋35＋35＋40）套＝122套

【注释】　12——一层安装的单联开关套数；

　　　　　35——二层、三层安装的单极开关套数；

　　　　　40——四层安装的单极开关套数。

②跷板式暗开关（单控）双联　　10套

【注释】　只有一层安装此种开关，共10套，如图1-2所示。

③跷板式暗开关（单控）三联　　1套

【注释】　只有一层安装此种开关，共1套，如图1-2所示。

④单相插座（带保护接点插座、带接地插孔）　　（9＋4＋4＋8）套＝25套

【注释】　9——一层所用的单相插座数目；

　　　　　4——二层和三层分别用的单相插座数目。

⑤地面插座　　1×2套＝2套

【注释】　1——每个手术室安装的地面插座套数；

　　　　　2——总共2个手术室，故乘以2。

清单工程量计算表见表1-2。

清单工程量计算表　　　　　　　　　　表 1-2

序号	项目编码	项目名称	项目特征描述	计量单位	工程量
1	030411004001	配线	铝芯聚氯乙烯绝缘电线 BLV—2.5mm²	m	6401.15
2	030411004002	配线	铝芯聚氯乙烯绝缘电线 BLV—4mm²	m	217.60
3	030411001001	配管	镀锌电线管（DN40）的安装	m	12.00
4	030411001002	配管	DN70 型号的 PVC 阻燃塑料管的安装	m	563.50
5	030411001003	配管	DN32 型号的 PVC 阻燃塑料管的安装	m	1177.15

续表

序号	项目编码	项目名称	项目特征描述	计量单位	工程量
6	030412005001	荧光灯	嵌入式单管荧光灯的安装	套	8.00
7	030412005002	荧光灯	嵌入式双管荧光灯的安装	套	6.00
8	030412001001	普通灯具	软线吊灯（固定式）的安装	套	16.00
9	030412001002	普通灯具	普通吸顶灯（六罩）吊顶上安装	套	9.00
10	030412001003	普通灯具	普通吸顶灯（八罩）吊顶上安装	套	3.00
11	030412001004	普通灯具	嵌入式筒灯安装	套	1.00
12	030412001005	普通灯具	半圆球式吸顶灯（即为单罩吊顶上安装）	套	49.00
13	030412001006	普通灯具	普通双罩壁灯的安装	套	8.00
14	030412001007	普通灯具	白桃罩壁灯的安装	套	3.00
15	030412006001	医疗专用灯	叫护士灯的安装	套	102.00
16	030412006002	医疗专用灯	病床叫号灯的安装	套	102.00
17	030412006003	医疗专用灯	病床指示灯的安装	套	102.00
18	030412006004	医疗专用灯	手术室无影灯的安装	套	6.00
19	030412006005	医疗专用灯	看片灯的安装	套	6.00
20	030412004001	装饰灯	吸顶式玻璃罩灯，灯体半周长 1500mm，灯体垂吊长度为 400mm	套	39.00
21	030412002001	工厂灯	嵌入式碘钨灯的安装	套	4.00
22	030412002002	工厂灯	支架上碘钨灯的安装	套	1.00
23	030412002003	工厂灯	防潮灯的安装	套	2.00
24	030412031001	小电器	跷板式暗开关（单控）单联的安装	套	122.00
25	030412031002	小电器	跷板式暗开关（单控）双联的安装	套	10.00
26	030412031003	小电器	跷板式暗开关（单控）三联的安装	套	1.00
27	030412031004	小电器	单相插座（带保护接点插座、带接地插孔）的安装	套	25.00
28	030412031005	小电器	地面插座的安装	套	2.00

【注释】 项目编码从《建设工程工程量清单计价规范（2008）》的电气设备安装工程中查得，清单工程量计算表中的单位为常用的基本单位，工程量是仅考虑图纸上的数据而计算得出的数据。

二、定额工程量计算

套用《北京市建设工程预算定额》第四册《电气工程》（2001 年版）

1. 电气配线   定额单位：100m

医院的电气照明配线除手术室外均采用铝芯聚氯乙烯绝缘电线 BLV—2.5mm^2，手术室因为安装的设备用电量大且可靠性必须得到保证，所以采用型号 BLV—4.0mm^2 的电线。导线沿墙暗敷设，医院每个地方的配线均为 3 根火线和 1 根零线。

在后面的计算式中可以体现出来。在定额工程量计算中需要考虑连接设备导线的预留长度。

① 一层的导线长度

BLV—2.5mm² 火线长度：

$$L_{11}=\{(1.7+3.6\times3+3.7+3.0+10.0\times3+4.0+3.7+3.6\times3+1.7)+[(1.5+3.5)\times2+(1.0+5.5)\times3+(4.0-1.0)\times(17+6)+1.0+3.65+2.0+5.0+(6.5+1.5+3.0)\times3+2.0+2.8\times2+4.8+(3.0+3.0)\times2+1.5+2.0]+(2.0+4.5\times11)+(4.2\times2+3.7+3.0)\times2+1.5\}\times3\mathrm{m}$$

$$=(69.4+171.05+51.5+30.2+1.5)\times3\mathrm{m}$$

$$=323.65\times3\mathrm{m}=970.95\mathrm{m}$$

【注释】 1.7m——一楼左侧厕所开关至眼科室的电线长度；

　　　　3.6m——眼科室房间的宽度，即为走廊敷设在眼科室旁的电线长度；

　　　　　3——眼科室、肛肠科、妇产科的宽度相同，故乘以3；

　　　　3.7m——沿楼梯旁的电线长度；

　　　　3.0m——楼梯至内科室的水平导线长度；

　　　10.0m——内科、儿科和耳鼻喉科室的长度，故后面乘以3；

　　　　4.0m——走廊处沿休息室墙暗敷设的电线长度；

　　　　3.7m——电梯的宽度，即为沿电梯的电线的长度；

　　　　3.6m——静点室、医生休息室和仓库的宽度，和左边房间长度相同，故后面乘以3；

　　　　1.7m——右侧厕所沿墙电线的长度；

　　　　1.5m——左侧厕所开关至软线吊灯的距离；

　　　　3.5m——2个软线吊灯之间的距离；

　　　　　2——左右厕所布线对称，故乘以2；

　　　　1.0m——眼科室开关至普通吸顶灯（六罩）之间的距离；

　　　　5.5m——普通吸顶灯至看片灯之间的长度；

　　　　4.0m——楼层的高度；

　　　　1.0m——开关的安装高度；

　　　　17——一楼走廊内侧的所有房间所安装的开关个数；

　　　　　6——咨询处和挂号处房间内外安装的开关个数；

　　　　1.0m——电梯处所需导线的水平长度；

　　　3.65m——2个双罩普通壁灯之间的距离；

　　　　2.0m——药房开关至最近荧光灯的距离；

　　　　5.0m——药房2个荧光灯之间的距离；

　　　　6.5m——内科室看片灯与开关之间的距离；

　　　　1.5m——内科室开关至普通吸顶灯的距离；

　　　　3.0m——2个普通吸顶灯之间的距离；

2.0m——观察室处开关至最近普通八罩吸顶灯之间的距离；

2.8m——普通八罩吸顶灯之间的距离；

4.8m——走廊至电梯里的嵌入式筒灯之间的导线长度；

3.0m——静点室的开关处至灯的水平距离；

3.0m——2个双管荧光灯之间的导线长度；

2——因为医生休息室和打点滴室的布线相同，故乘以2；

1.5m——仓库开关至灯的距离；

2.0m——仓库2个灯之间的距离；

2.0m——走廊所用灯至走廊内侧之间的水平距离；

4.5m——走廊里每2个吸顶灯之间的距离；

11——走廊里灯之间共需要的电线处；

4.2m——走廊线至咨询处外面的控制开关之间的距离，此处总共两处线路，故后面乘以2；

3.7m——开关至大厅荧光灯的距离；

3.0m——开关至咨询室灯的距离；

2——咨询室和挂号室对称布线，故所用导线相同，故乘以2；

3——每处的走线需要3根火线，故乘以3；

1.5m——电源与管内导线连接时所考虑的预留长度。

BLV—2.5mm^{2}零线导线长度：

$$L_{12} = \{(1.7 + 3.6 \times 3 + 3.7 + 3.0 + 10.0 \times 3 + 4.0 + 3.7 + 3.6 \times 3 + 1.7) + [(1.5 + 3.5) \times 2 + (1.0 + 5.5) \times 3 + (4.0 - 1.0) \times (17 + 6) + 1.0 + 3.65 + 2.0 + 5.0 + (6.5 + 1.5 + 3.0) \times 3 + 2.0 + 2.8 \times 2 + 4.8 + (3.0 + 3.0) \times 2 + 1.5 + 2.0] + (2.0 + 4.5 \times 11) + (4.2 \times 2 + 3.7 + 3.0) \times 2 + 1.5\}m$$

$$= 323.65m$$

【注释】 具体数据解释参照计算120mm^{2}时的注释说明，意思相同，1根零线，故不再乘以3，下同。

插座所用的导线（BLV—2.5mm^2）长度为：

$$L_{13} = [(6.0 + 4.0 - 0.45) \times 3 + 2.5 \times 4 + (4.0 - 0.45) \times 8]m = 67.05m$$

【注释】 6.0m——眼科室插座与沿走廊暗敷设线路的水平导线长度；

4.0m——房间高度；

0.45m——插座安装的高度；

3——因为眼科、肛肠科、妇产科3个房间的插座布线相同，故乘以3；

2.5m——药房的插座与走廊布线的竖直距离；

4——水平方向上4个房间的插座布线相同，因此乘以4；

8——一层剩余的插座个数。预留长度已在火线连接电源处考虑过，故不需要考虑。

故一层所需的 BLV—2.5mm² 导线长度为：

$L_1 = (970.95 + 323.65 + 67.05)m = 1361.65m \approx 13.62(100m)$

② 二层的配线长度

BLV—2.5mm² 火线长度：

$L_{21} = \{(1.7 + 3.6 \times 3 + 3.7 + 3.0 + 10.0 \times 3 + 4.0 + 3.7 + 3.6 \times 3 + 1.7) + [4.5 +$
$10.8 + 7.0 \times 3 + 4.0 + (1.5 + 3.5) \times 2 + (2.0 + 3.5 + 6.4) \times 3 + 1.0 + 3.65 +$
$3.6 + 2.0 + 5.0 + (3.0 + 8.0 + 3.4 \times 3 + 7.0) \times 3 + (4.0 \times 4 - 1.0) + 5.0 \times 3]$
$+ [(4.5 - 2.0) + 4.5 \times 2] \times 4 + (4.0 - 1.0) \times 33 + 1.5\} \times 3m$

$= (69.4 + 215.85 + 46 + 99 + 1.5) \times 3m = 431.75 \times 3m = 1295.25m$

【注释】　$(1.7 + 3.6 \times 3 + 3.7 + 3.0 + 10.0 \times 3 + 4.0 + 3.7 + 3.6 \times$
　　　　　$3 + 1.7)m$——和前面计算一层的部分计算式相同，数据意义可参考一
　　　　　　　　层的注释说明，这里不再赘述；

　　　　　$4.5m$——走廊的宽度，这里表示从一楼引上二楼的线在走廊之间
　　　　　　　　的水平导线长度；

　　　　　$10.8m$——引上的线沿墙右侧敷设至该侧最近的病房之间的长度；

　　　　　$7.0m$——普通病房的长度，因为线路需要穿过 3 个房间，故乘
　　　　　　　　以 3；

　　　　　$4.0m$——线路至另一个房间的沿墙敷设的长度；

　$(1.5 + 3.5) \times 2m$——左右 2 个厕所所需要的导线长度，具体数据说明参考上
　　　　　　　　面的注释；

　　　　　$2.0m$——厕所旁的特护病房总开关至最近叫护士灯的导线长度；

　　　　　$3.5m$——特护病房 2 个叫护士灯之间的导线长度；

　　　　　$6.4m$——开关至吸顶式玻璃罩灯之间的导线长度；

　　　　　3——3 个特护病房的布线相同，故乘以 3；

　　　　　$1.0m$——电梯处所需导线的水平长度；

　　　　　$3.65m$——2 个双罩普通壁灯之间的距离；

　　　　　$3.6m$——护士值班室中开关至病床叫号灯之间的导线长度；

　　　　　$2.0m$——值班室开关至最近荧光灯的距离；

　　　　　$5.0m$——值班室两个荧光灯之间的距离；

　　　　　$3.0m$——普通病房中控制叫护士灯与开关的竖直导线长度（如图
　　　　　　　　1-4 所示）；

　　　　　$8.0m$——叫护士灯之间的水平距离；

　　　　　$3.4m$——2 个叫护士灯之间的导线长度，每个房间共 3 处，故
　　　　　　　　乘以 3；

　　　　　$7.0m$——病房中 2 个吸顶式玻璃罩灯之间的导线长度；

　　　　　3——附近 2 个病房与其布线相同，因此乘以 3；

　　　　　$4.0m$——每层楼的层高；

　　4——即4层；

　　　　1.0m——开关安装高度。

　　(4.0×4-1.0)m——表示电梯四层楼高所需的电线长度，以后不再计算；

　　　　5.0m——婴儿室开关至灯之间的导线长度，附近的两个儿童病房和其布线一样，因此乘以3；

　　　　4.5m——走廊的宽度；

　　　　2.0m——走廊吸顶灯与厕所侧之间导线的水平距离，(4.5-2.0)m即为走廊另一侧开关至走廊灯的水平导线长度；

　　　　4.5m——走廊里每2个吸顶灯之间的距离；

　　　　4——总共4处类似的布线，如图1-4所示，故乘以4；

　　(4.0-1.0)m——开关安装所需要的导线长度；

　　　　33——该层共安装的开关个数（手术室除外）；

　　　　1.5m——电源与管内导线连接时所考虑的预留长度。

BLV—2.5mm^{2}零线导线长度：

$$L_{22} = \{(1.7+3.6\times3+3.7+3.0+10.0\times3+4.0+3.7+3.6\times3+1.7)+[4.5+10.8+7.0\times3+4.0+(1.5+3.5)\times2+(2.0+3.5+6.4)\times3+1.0+3.65+3.6+2.0+5.0+(3.0+8.0+3.4\times3+7.0)\times3+(4.0\times4-1.0)+5.0\times3]+[(4.5-2.0)+4.5\times2]\times4+(4.0-1.0)\times33+1.5\}m$$
$$=431.75m$$

BLV—4mm^2（手术室的配线选择）导线的长度：

$$L_{23} = [2.8+3.2+3.5\times2+(4.0-1.0)\times2]\times3m=19.0\times3m=57.00m$$

【注释】　2.8m——开关至手术室标志灯之间的水平导线长度；

　　　　3.2m——开关至手术室无影灯之间的竖直导线长度；

　　　　3.5m——手术室无影灯之间的导线长度；

　　　　4.0m——楼层高度

　　　　1.0m——开关安装的高度

　　　　2——手术室总的开关数。

$$L_{24} = [2.8+3.2+3.5\times2+(4.0-1.0)\times2]m=19.00m$$

【注释】　参考上面的注释说明。

插座需要的BLV—4mm^{2}导线长度：

$$L_{25} = [4.5+1.0+5.5+3.6+(4.0-0.45)\times4+4.0]m=32.80m$$

【注释】　4.5m——手术室左侧的插座所用的导线竖直长度（如图1-4所示）；

　　　　1.0m——沿左侧墙角拐弯接至地面插座的导线水平长度；

　　　　5.5m——至左侧插座的水平导线长度；

　　　　3.6m——沿右墙角拐弯处至插座的竖直导线长度；

　　　　4.0m——层高；

　　　　0.45m——插座安装的高度；

4——总共4处；

4.0m——地面插座需要的导线长度。

二层需要的 BLV—2.5mm^2 型号的导线长度为：

$L_{2-1} = (1295.25+431.75)m = 1727.00m$

BLV—4mm^2 型号的导线长度为：

$L_{2-2} = (57.00+19.00+32.80)m = 108.80m$

③ 三层的配线长度

由图 1-6 可看出，三层配线基本上和二层配线相同，只是因为面对的病人群体不同，因此

BLV—2.5mm^2 火线长度：$L_{31} = L_{21} = 1295.25m$

BLV—2.5mm^2 零线导线长度：$L_{32} = L_{22} = 431.75m$

BLV—4mm^2 火线长度：$L_{33} = L_{23} = 57.00m$

BLV—4mm^2 零线导线长度：$L_{34} = L_{24} = 19.00m$

因此，三层需要的 BLV—2.5mm^2 型号的导线长度为：

$L_{3-1} = (1290.25+430.75)m = 1727.00m$

BLV—4mm^2 型号的导线长度为：

$L_{3-2} = (57.00+19.00+32.80)m = 108.80m$

④ 四层的配线长度

四层的配线布置与三层的不同之处在于：三层走廊一侧的重危病房位置在四楼处为高级病房（每个房间只住一人），房间布线不太相同，另外，在三楼手术室位置，四楼选择建一疗养健身室，其他布线均相同，因此，BLV—2.5mm^2 火线长度：

$$L_{41} = \{(1.7+3.6\times3+3.7+3.0+10.0\times3+4.0+3.7+3.6\times3+1.7)+[4.5+10.8+$$
$$7.0\times3+4.0+(1.5+3.5)\times2+(2.0+3.5+6.4)\times3+1.0+3.65+3.6+2.0+$$
$$5.0+(2.5+3.2)\times6+5.0\times3]+[(4.5-2.0)+4.5\times2]\times4+(4.0-1.0)\times40+$$
$$1.5)\times3m$$

$$=(69.4+150.45+46+120+1.5)\times3m$$

$$=387.35\times3m=1162.05m$$

【注释】 (1.7+3.6×3+3.7+3.0+10.0×3+4.0+3.7+3.6×

　　　　　3+1.7)m——和前面计算一层的部分计算式相同，数据意义可参考一

　　　　　层的注释说明，这里不再赘述；

　　　　4.5m——走廊的宽度，这里表示从一楼引上二楼的线在走廊之间

　　　　　的导线长度；

　　　10.8m——引上的线沿墙右侧敷设至该侧最近的病房之间的长度；

　　　　7.0m——普通病房的长度，因为线路需要穿过3个房间，故乘

　　　　　以3；

　　　　4.0m——线路至另一个房间的沿墙敷设的长度；

　(1.5+3.5)×2m——左右两个厕所所需要的导线长度，具体数据说明参考上

面的注释；

2.0m——厕所旁的普通病房总开关至最近叫护士灯的导线长度；

3.5m——普通病房两个叫护士灯之间的导线长度；

6.4m——开关至吸顶式玻璃罩灯之间的导线长度；

3——3个普通病房的布线相同，故乘以3；

1.0m——电梯处所需导线的水平长度；

3.65m——两个双罩普通壁灯之间的距离；

3.6m——护士值班室中开关至病床叫号灯之间的导线长度；

2.0m——值班室开关至最近荧光灯的距离；

5.0m——值班室两个荧光灯之间的距离；

2.5m——高级病房中开关与叫护士灯之间的导线长度（如图1-8所示）；

3.2m——开关与吸顶式玻璃罩灯之间的导线长度；

6——附近5个高级病房与其布线相同，因此乘以6；

5.0m——医生休息室开关与灯的导线长度，3个房间布线相同，因此乘以3；

4.5m——走廊的宽度；

2.0m——走廊吸顶灯与厕所侧之间导线的水平距离，（4.5—2.0)m即为走廊另一侧开关至走廊灯的水平导线长度；

4.5m——走廊里每两个吸顶灯之间的距离

4——总共4处类似的布线，如图1-4所示，故乘以4；

(4.0—1.0)m——开关安装所需要的导线长度；

40——该层共安装的开关个数。

BLV—2.5mm^{2}零线长度：$L_{42}=(69.4+150.45+46+120+1.5)m=387.35$m

插座所需要的BLV—2.5mm^{2}型号的导线长度为：

$$L_{43}=[4.5+6.2+5.0+4.0+(4.0-0.45)\times 8]\text{m}=48.10\text{m}$$

【注释】 4.5m——疗养健身室左侧插座的竖直布线长度；

6.2m——左侧拐角处水平布线长度；

5.0m——右侧插座水平布线长度；

4.0m——右侧插座竖直布线长度；

0.45m——插座安装的高度；

8——总共有8处插座，故乘以8。

因此，四层需要的BLV—2.5mm^{2}型号的导线长度为：

$L_4=(1162.05+387.35+48.10)m=(1549.40+48.10)m=1597.50$m

所以，本医院总需要的BLV—2.5mm^{2}型号的导线长度为：

$L=L_1+L_{2-1}+L_{3-1}+L_4+4.0\times 3$

$=(1361.65+1727.00\times 2+1597.50+12.0)$

$$=6425.15m\approx64.25(100m)$$

【注释】　2——因为二层和三层所用的导线长度相同，故乘以2；

4.0m——每层的层高；

3——总共4层，需要3段这样的电线。

套定额6—266。

BLV—4mm^{2}型号的导线长度为：

$$L'=L_{2-2}+L_{3-2}=(108.80+108.80)m=217.60m\approx2.18(100m)$$

套定额6—267。

2. 电气配管　定额单位：100m

配管在主干线上（楼层之间的连接）选用砖、混凝土结构暗配镀锌电线管，公称直径为40mm，周围的室内配管选用PVC阻燃塑料管暗敷设，走廊两边直径选用70mm，单独的室内配线选用直径为32mm。

1）镀锌电线管（$DN40$）

$$L_1''=(4.0\times3+1.5)m=13.50m=0.135(100m)$$

【注释】　4.0m——每层的高度；

3——总共需要3段，线从一楼房顶进入；

1.5m——电源与管内导线连接时所考虑的预留长度，下同。

套定额6—5。

2）PVC阻燃塑料管

① 一层配管长度

PVC阻燃塑料管暗敷设（$DN70$）：

$$L_{11}'=[(1.7+3.6\times3+3.7+3.0+10.0\times3+4.0+3.7+3.6\times3+1.7)+(4.2+3.7)\times2+(2.0+4.5\times11)+1.5]m$$

$$=(69.4+15.8+51.5+1.5)m=138.20m$$

【注释】　(1.7+3.6×3+3.7+3.0+10.0×3+4.0+3.7+3.6×

3+1.7)m——和前面注释的意义相同，可参考前面注释；

4.2m——走廊灯至一层开关处的竖直距离，两根线布入同一根管中；

3.7m——开关至荧光灯之间的配管长度。

PVC阻燃塑料管暗敷设（$DN32$）：（包括室内及楼梯、电梯处的一些配线）

$$L_{12}'=[(1.5+3.5)\times2+(1.0+5.5)\times3+(4.0-1.0)\times(17+6)+1.0+3.65+2.0+5.0+(6.5+1.5+3.0)\times3+2.0+2.8\times2+4.8+(3.0+3.0)\times2+1.5+2.0+3.0\times2+67.05]m$$

$$=244.10m$$

【注释】　具体数据参考相应的配线注释，这里不再详述。

② 二层配管长度

PVC阻燃塑料管暗敷设（$DN70$）：

$L_{21}' = \{(1.7+3.6\times3+3.7+3.0+10.0\times3+4.0+3.7+3.6\times3+1.7)+4.5+$

$\qquad 10.8+7.0\times3+4.0+[(4.5-2.0)+4.5\times2]\times4+1.5\}m$

$\qquad = (109.7+46+1.5)m = 157.20m$

【注释】 $DN70$ 型号的配管主要包括走廊里的灯具配管，具体数据说明参照之前注释。

PVC 阻燃塑料管暗敷设 （$DN32$）：$L_{22}' = (430.25 - 155.70 + 32.80)m = 307.25m$

【注释】 430.25m——二层单线（除插座外）长度，减去 155.70m（$DN70$）后为室内和电梯、楼梯之间的配管长度；

$\qquad\qquad$ 32.8m——插座的配管长度。

③ 三层配管长度

PVC 阻燃塑料管暗敷设 （$DN70$）：$L_{31}' = L_{21}' = 157.20m$

PVC 阻燃塑料管暗敷设 （$DN32$）：$L_{32}' = L_{22}' = 307.25m$

【注释】 三层配管和二层配管长度相同，因此直接套用二层的配管数据。

④ 四层配管长度

PVC 阻燃塑料管暗敷设 （$DN70$）：

$L_{41}' = \{(1.7+3.6\times3+3.7+3.0+10.0\times3+4.0+3.7+3.6\times3+1.7)+(4.5+$

$\qquad 10.8+7.0\times3+4.0)+[(4.5-2.0)+4.5\times2]\times4+1.5\}m$

$\qquad = 116.90m$

【注释】 四层的 $DN70$ 配管主要包括沿走廊两旁暗敷设的配管长度，再加上走廊中间灯具所需的配管长度。

PVC 阻燃塑料管暗敷设 （$DN32$）：$L_{42}' = (385.85-115.4+48.1)m = 318.55m$

【注释】 385.85m——四层总的单线长度，插座配管除外；

$\qquad\qquad$ 115.4m——$DN70$ 型号的配管长度；

$\qquad\qquad$ 48.1m——插座的配管长度。

因此，该医院所需配管长度：

$DN70$ 型号的 PVC 阻燃塑料管长度为：

$L_2'' = L_{11}' + L_{21}' + L_{31}' + L_{41}'$

$\qquad = (138.20+157.20+157.20+116.90)m$

$\qquad = 569.50m \approx 5.70(100m)$

套定额 6-220。

$DN32$ 型号的 PVC 阻燃塑料管长度为：

$L_3'' = L_{12}' + L_{22}' + L_{32}' + L_{42}'$

$\qquad = (244.10+307.25+307.25+318.55)m$

$\qquad = 1177.15m \approx 11.77(100m)$

套定额 6-217。

3. 荧光灯   定额单位：套

① 嵌入式单管荧光灯   2×4套＝8套

【注释】 2——一层药房、二至三层护士值班室所安装的荧光灯套数；

4——共四个房间，故乘以4。

套定额7—100。

② 嵌入式双管荧光灯   (8＋2)套＝10套

【注释】 8——一层安装的双管荧光灯套数；

2——四层健身室安装的荧光灯套数。

套定额7—101。

4. 普通灯具   定额单位：套

① 软线吊灯（固定式）   (2×2)×4套＝16套

【注释】 2——每个厕所安装2套灯具，每层共2个厕所，故乘以2；

4——总共4层。

套定额7—1。

② 普通吸顶灯（六罩）吊顶上安装   9套

【注释】 9——只有一层使用该灯具，由图可知共9套。

套定额7—37。

③ 普通吸顶灯（八罩）吊顶上安装   3套

【注释】 3——一层使用，共3套。

套定额7—38。

④ 嵌入式筒灯   1套（电梯处安装）

套定额7—39。

⑤ 半圆球式吸顶灯（即为单罩吊顶上安装）   (13＋12×3)套＝49套

【注释】 13——一层安装的半圆球式吸顶灯灯具套数；

12——二层安装的半圆球式吸顶灯套数；

3——二至四层安装的套数相同，故乘以3。

套定额7—34。

⑥ 普通双罩壁灯   2×4套＝8套

【注释】 2——每层楼梯间2套；

4——共4层，故乘以4。

套定额7—11。

⑦ 白桃罩壁灯   1×3套＝3套

【注释】 1——二层儿童病房里安装1套，供孩子在此停留照明，共3个房间，

故乘以3。

套定额7—15。

5. 医疗专用灯   定额单位：套

① 叫护士灯   二层：(2×3＋5×3＋4×4)套＝37套

【注释】 2——特护病房里每个房间的叫护士灯套数，总共3个这样的房间，故后面乘以3；

5——走廊一侧普通病房每个房间的安装套数；

3——相同安装套数的房间有3间；

4——走廊另一侧的普通病房每个房间的安装套数，共4间此房间，故乘以4。

三层：和二层安装结构相同，所用的叫护士灯套数也相同，故为37套。

四层：(2×3+4×4+1×6)套＝28套

【注释】 2——普通病房里每个房间的叫护士灯套数，总共3个这样的房间，故后面乘以3；

4——走廊另一侧的普通病房每个房间的安装套数，共4间此房间，故乘以4；

1——每个高级房间安装的叫护士灯数；

6——高级房间间数。

所以，总的叫护士灯数为：37＋37＋28＝102套

套定额7—126。

② 病床叫号灯

因为叫护士灯和病床叫号灯相对应，因此，病床叫号灯套数为102套。

套定额7—130。

③ 病床指示灯

病床指示灯与叫护士灯一起安装，图中并未显示，其安装套数和叫护士灯套数相同，共102套。

套定额7—128。

④ 手术室无影灯　　3×2套＝6套

【注释】 3——一个手术室安装的手术室无影灯的套数；

2——共2个手术室，故乘以2。

套定额7—131。

⑤ 看片灯　　6套

套定额7—132。

【注释】 6——一层每个科室安装1套，共6套。

6. 装饰灯　　定额单位：套

吸顶式玻璃罩灯

灯体半周长1500mm，灯体垂吊长度为400mm。

二层：(1×3+2×3+1×4)套＝13套

【注释】 1——特护病房每个房间安装一套；

3——共3间特护病房；

2——走廊一侧的普通病房每间安装2套，共3间，故乘以3；

1——走廊另一侧普通病房安装的套数，共4间，故后面乘以4。

三层：和二层布设相同，故为13套。

四层：1×13套＝13套

【注释】　1——该层病房的每个房间布设1套；

13——该层共13间病房，故乘以13。

所以，总的玻璃罩灯套数为（13＋13＋13)套＝39套

套定额7—239。

7. 工厂灯　定额单位：套

① 嵌入式碘钨灯　4套

【注释】　如图1-8所示，四层用1套此灯具，如图1-6所示，三层用3套此灯具，共选用4套。

套定额7—109。

② 支架上碘钨灯　1套

【注释】　如图1-8所示，四层用一套此灯具。

套定额7—107。

③ 防潮灯　2套

【注释】　如图1-2所示，二层儿童病房旁的仓库选用此灯具，该房间选用2套。

套定额7—113。

8. 小电器　定额单位：套

① 跷板式暗开关（单控）单联　（12＋35＋35＋40)套＝122套

【注释】　12——一层安装的单联开关套数；

35——二、三层安装的单极开关套数；

40——四层安装的单极开关套数。

套定额7—335。

② 跷板式暗开关（单控）双联　10套

【注释】　只有一层安装此种开关，共10套，如图1-2所示。

套定额7—336。

③ 跷板式暗开关（单控）三联　1套

【注释】　只有一层安装此种开关，共1套，如图1-2所示。

套定额7—337。

④ 单相插座（带保护接点插座、带接地插孔）暗装　（9＋4＋4＋8)套＝25套

【注释】　9——一层所用的单相插座数目；

4——二层和三层分别用的单相插座数目。

套定额7—355。

⑤ 地面插座　1×2套＝2套

【注释】　1——每个手术室安装的地面插座套数；

2——总共2个手术室，故乘以2。

套定额7—360。

某市中心医院照明系统安装工程预算表见表1-3。

医院照明系统安装工程预算表　　　　　　　表 1-3

序号	定额编号	分项工程名称	计量单位	工程量	单价(元)	人工费(元)	材料费(元)	机械费(元)	合价(元)
1	6—266	BLV—2.5mm² 型号的导线	100m	64.25	42.17	30.95	10.33	0.89	2709.42
2	6—267	BLV—4mm² 型号的导线	100m	2.18	42.36	30.95	10.52	0.89	92.34
3	6—5	镀锌电线管(DN40)	100m	0.14	1605.62	477.10	1103.69	24.83	216.76
4	6—220	DN70 型号的 PVC 阻燃塑料管	100m	5.70	1911.63	339.93	1561.95	9.75	10896.29
5	6—217	DN32 型号的 PVC 阻燃塑料管	100m	11.77	909.46	295.89	605.08	8.49	10704.34
6	7—100	嵌入式单管荧光灯的安装	套	8.00	72.20	39.89	30.87	1.44	577.60
7	7—101	嵌入式双管荧光灯的安装	套	10.00	81.28	42.10	37.67	1.51	812.8
8	7—1	软线吊灯(固定式)的安装	套	16.00	14.43	3.81	10.51	0.11	230.88
9	7—37	普通吸顶灯(六罩)吊顶上安装	套	9.00	148.14	90.11	53.77	4.26	1333.26
10	7—38	普通吸顶灯(八罩)吊顶上安装	套	3.00	226.43	148.56	71.34	6.53	679.29
11	7—39	嵌入式筒灯的安装	套	1.00	17.31	9.08	7.97	0.26	17.31
12	7—34	半圆球式吸顶灯(即为单罩吊顶上安装)	套	49.00	46.70	30.00	14.95	1.75	2288.30
13	7—11	普通双罩壁灯的安装	套	8.00	18.60	13.88	4.32	0.40	148.80
14	7—15	白桃罩壁灯的安装	套	3.00	12.07	3.33	8.64	0.10	36.21
15	7—126	叫护士灯的安装	套	102.00	79.51	52.49	25.51	1.51	8110.02
16	7—130	病床叫号灯的安装	套	102.00	13.55	10.49	2.76	0.30	1382.10
17	7—128	病床指示灯的安装	套	102.00	13.55	10.49	2.76	0.30	1382.10
18	7—131	手术室无影灯的安装	套	6.00	184.76	121.85	59.41	3.50	1108.56
19	7—132	看片灯的安装	套	6.00	31.24	17.00	13.75	0.49	187.44
20	7—239	吸顶式玻璃罩灯的安装,灯体半周长1500mm,灯体垂吊长度为400mm	套	39.00	93.17	46.57	39.86	6.74	3633.63
21	7—109	嵌入式碘钨灯的安装	套	4.00	8.80	7.46	1.13	0.21	35.20
22	7—107	支架上碘钨灯的安装	套	1.00	16.05	13.05	2.63	0.37	16.05

续表

序号	定额编号	分项工程名称	计量单位	工程量	单价(元)	人工费(元)	材料费(元)	机械费(元)	合价(元)
23	7—113	防潮灯的安装	套	2.00	10.09	7.07	2.82	0.20	20.18
24	7—335	跷板式暗开关(单控)单联的安装	套	122.00	3.08	2.66	0.34	0.08	375.76
25	7—336	跷板式暗开关(单控)双联的安装	套	10.00	3.34	2.80	0.46	0.08	33.40
26	7—337	跷板式暗开关(单控)三联的安装	套	1.00	3.52	2.89	0.55	0.08	3.52
27	7—355	单相插座(带保护接点插座、带接地插孔)暗装	套	25.00	4.97	4.57	0.27	0.13	124.25
28	7—360	地面插座的安装	套	2.00	12.85	11.87	0.64	0.34	25.70
本页小计									47181.52
合 计									47181.52

【注释】 该表格中未计价材料均未在材料费中体现,具体可参考综合单价分析表。表格中单位采用的是定额单位,工程量为定额工程量,基价通过《北京市建筑工程预算定额(2001年)》可查到。

1.5 工程算量计量技巧

1. 计算管内穿线,可按钢管长度加导线预留长度,再乘以管内穿线根数(表1-4)。

盘、箱、柜的外部进出线预留长度　　　　　　　　　表1-4

序号	项　　目	预留长度(m/根)	说　　明
1	各种箱、柜、盘、板、盒	高+宽	盘面尺寸
2	单独安装的铁壳开关、自动开关、刀开关、启动器、箱式电阻器、变阻器	0.5	从安装对象中心算起
3	继电器、控制开关、信号灯、按钮、熔断器等小电器	0.3	从安装对象中心算起
4	分支接头	0.2	分支线预留

2. 在进行电缆线路工程量计算时,可以按照一定的顺序,例如,室外—总配电箱—单元配电箱—户内配电箱—各个回路(照明、插座等),这样才能保证不漏算。此外,我们还可以按照定额项目顺序进行计算,将所涉及的定额项目罗列出来,选定一个项目将所有相关内容计算完毕,然后按定额顺序进行下一个项目计算,直到算完为止。

1.6 清单综合单价详细分析

工程量清单是载明建设工程分部分项工程项目、措施项目、其他项目的名称和数量以及规费、税金项目等内容的明细清单。某医院照明系统安装工程工程量清单见表1-5～表1-40。

分部分项工程量清单与计价表 表 1-5

工程名称：某市中心医院照明系统安装工程　　标段：　　　　　　　　　　　　　　第 页 共 页

序号	项目编码	项目名称	项目特征描述	计量单位	工程量	金额（元）		
						综合单价	合价	其中：暂估价
			C.2　电气设备安装工程					
1	030411004001	配线	铝芯聚氯乙烯绝缘电线 BLV—2.5mm²	m	6401.15	4.84	30981.57	
2	030411004002	配线	铝芯聚氯乙烯绝缘电线 BLV—4mm²	m	217.60	5.10	1109.76	
3	030411001001	配管	镀锌电线管（DN40）的安装	m	12.00	19.57	234.84	
4	030411001002	配管	DN70 型号的 PVC 阻燃塑料管的安装	m	563.50	22.16	12487.16	
5	030411001003	配管	DN32 型号的 PVC 阻燃塑料管的安装	m	1177.15	11.21	13195.85	
6	030412005001	荧光灯	嵌入式单管荧光灯的安装	套	8	104.20	833.60	
7	030412005002	荧光灯	嵌入式双管荧光灯的安装	套	10	115.33	1153.3	
8	030412001001	普通灯具	软线吊灯（固定式）的安装	套	16	17.35	277.60	
9	030412001002	普通灯具	普通吸顶灯（六罩）吊顶上安装	套	9	213.43	1920.87	
10	030412001003	普通灯具	普通吸顶灯（八罩）吊顶上安装	套	3	328.02	984.06	
11	030412001004	普通灯具	嵌入式筒灯安装	套	1	34.16	34.16	
12	030412001005	普通灯具	半圆球式吸顶灯（即为单罩吊顶上安装）	套	49	70.94	3476.06	
13	030412001006	普通灯具	普通双罩壁灯的安装	套	8	41.25	330.00	
14	030412001007	普通灯具	白桃罩壁灯的安装	套	3	26.85	80.55	
15	030412006001	医疗专用灯	叫护士灯的安装	套	102	128.76	13133.52	
16	030412006002	医疗专用灯	病床叫号灯的安装	套	102	33.55	3422.10	
17	030412006003	医疗专用灯	病床指示灯的安装	套	102	26.40	2692.80	
18	030412006004	医疗专用灯	手术室无影灯的安装	套	6	304.19	1825.14	

续表

序号	项目编码	项目名称	项目特征描述	计量单位	工程量	金额（元）		
						综合单价	合价	其中：暂估价
	C.2　电气设备安装工程							
19	030412006005	医疗专用灯	看片灯的安装	套	6	144.94	869.64	
20	030412004001	装饰灯	吸顶式玻璃罩灯，灯体半周长1500mm，灯体垂吊长度为400mm	套	39	135.81	5296.59	
21	030412002001	工厂灯	嵌入式碘钨灯的安装	套	4	41.63	166.52	
22	030412002002	工厂灯	支架上碘钨灯的安装	套	1	51.73	51.73	
23	030412002003	工厂灯	防潮灯的安装	套	2	28.02	56.04	
24	030412031001	小电器	跷板式暗开关（单控）单联的安装	套	122	11.68	1424.96	
25	030412031002	小电器	跷板式暗开关（单控）双联的安装	套	10	12.19	121.90	
26	030412031003	小电器	跷板式暗开关（单控）三联的安装	套	1	11.90	11.90	
27	030412031004	小电器	单相插座（带保护接点插座、带接地插孔）的安装	套	25	22.93	573.25	
28	030412031005	小电器	地面插座的安装	套	2	45.42	90.84	
			本页小计					96836.31
			合　计					96836.31

【注释】　分部分项工程量清单与计价表中的工程量为清单里面的工程量，综合单价为综合单价分析表里得到的最终清单项目综合单价，工程量×综合单价＝该项目所需的费用，将各个项目加起来即为该工程总的费用。

工程量清单综合单价分析表　　　　　　　　　表1-6

工程名称：某市中心医院照明系统安装工程　　标段：　　　　　　第　页　共　页

项目编码	030411004001		项目名称		配线		计量单位	m	工程量	6401.15

清单综合单价组成明细

定额编号	定额名称	定额单位	数量	单价（元）					合价（元）				
				人工费	材料费	机械费	管理费	利润	人工费	材料费	机械费	管理费	利润
6-266	BLV—2.5mm²型号的导线	100m	0.01	30.95	8.59	0.89	13.62	4.71	0.31	0.09	0.01	0.14	0.05
人工单价			小　计						0.31	0.09	0.01	0.14	0.05
32.53元/工日			未计价材料费						4.23				
			清单项目综合单价						4.84				

材料费明细	主要材料名称、规格、型号	单位	数量	单价（元）	合价（元）	暂估单价（元）	暂估合价（元）
	绝缘导线	m	1.16	3.65	4.23		
	其他材料费			—	—		
	材料费小计			—	4.23	—	

【注释】 该费用计算参考北京市建设工程费用定额，各种费用计算如下：

1. 管理费的计算：

安装工程的管理费以直接费中的人工费为基数，查表知管理费费率为44%。

2. 利润的计算：

利润是以直接费和企业管理费之和为基数计算，直接费包括人工费、材料费、机械费、临时设施费和现场经费，临时设施费以人工费为基数，费率为19%，现场经费也以人工费为基数，费率为24%。利润的费率为7%，因此利润的计算公式为利润＝(1.87×人工费＋机械费＋材料费)×0.07。

3. 数量的计算：

数量＝定额工程量/清单工程量

4. 未计价材料费中的单价查《呼和浩特地区建设工程材料预算价格》(2008年)可得。

5. 以下各综合单价分析表的计算和此相同，不再说明。

工程量清单综合单价分析表 表1-7

工程名称：某市中心医院照明系统安装工程　标段：　　　　　　　　　　第 页 共 页

项目编码	030411004002	项目名称		配线		计量单位		m	工程量	217.60

清单综合单价组成明细

定额编号	定额名称	定额单位	数量	单价(元)					合价(元)				
				人工费	材料费	机械费	管理费	利润	人工费	材料费	机械费	管理费	利润
6—267	BLV—4mm²型号的导线	100m	0.01	30.95	10.52	0.89	13.62	4.85	0.31	0.11	0.01	0.14	0.05
	人工单价			小　计					0.31	0.11	0.01	0.14	0.05
	32.53 元/工日			未计价材料费					4.49				
	清单项目综合单价								5.10				

	主要材料名称、规格、型号	单位	数量	单价(元)	合价(元)	暂估单价(元)	暂估合价(元)
材料费明细	绝缘导线	m	1.16	3.87	4.49		
	其他材料费			—		—	
	材料费小计			—	4.49	—	

工程量清单综合单价分析表 表1-8

工程名称：某市中心医院照明系统安装工程　标段：　　　　　　　　　　第 页 共 页

项目编码	030411001001	项目名称		配管		计量单位		m	工程量	12.00

清单综合单价组成明细

定额编号	定额名称	定额单位	数量	单价(元)					合价(元)				
				人工费	材料费	机械费	管理费	利润	人工费	材料费	机械费	管理费	利润
6—5	镀锌电线管(DN40)的安装	100m	0.01	477.10	1103.69	24.83	209.92	141.45	4.77	11.04	0.25	2.10	1.41
	人工单价			小　计					4.77	11.04	0.25	2.10	1.41
	32.53 元/工日			未计价材料费					—				
	清单项目综合单价								19.57				

续表

材料费明细	主要材料名称、规格、型号	单位	数量	单价(元)	合价(元)	暂估单价(元)	暂估合价(元)
	其他材料费				—		—
	材料费小计				—		—

工程量清单综合单价分析表　　　　　　　　　表 1-9

工程名称：某市中心医院照明系统安装工程　　标段：　　　　　　　第 页 共 页

项目编码	030411001002	项目名称	配管	计量单位	m	工程量	563.50

清单综合单价组成明细

定额编号	定额名称	定额单位	数量	单价(元)					合价(元)				
				人工费	材料费	机械费	管理费	利润	人工费	材料费	机械费	管理费	利润
6—220	DN70 型号的 PVC 阻燃塑料管的安装	100m	0.01	339.93	1561.95	9.75	149.57	154.52	3.40	15.62	0.10	1.50	1.55
人工单价		小　计							3.40	15.62	0.10	1.50	1.55
32.53 元/工日		未计价材料费							—				
清单项目综合单价									22.16				

材料费明细	主要材料名称、规格、型号	单位	数量	单价(元)	合价(元)	暂估单价(元)	暂估合价(元)
	其他材料费				—		—
	材料费小计				—		—

工程量清单综合单价分析表　　　　　　　　　表 1-10

工程名称：某市中心医院照明系统安装工程　　标段：　　　　　　　第 页 共 页

项目编码	030411001003	项目名称	配管	计量单位	m	工程量	1177.15

清单综合单价组成明细

定额编号	定额名称	定额单位	数量	单价(元)					合价(元)				
				人工费	材料费	机械费	管理费	利润	人工费	材料费	机械费	管理费	利润
6—217	DN32 型号的 PVC 阻燃塑料管的安装	100m	0.01	295.89	605.08	8.49	130.19	81.68	2.96	6.05	0.08	1.30	0.82
人工单价		小　计							2.96	6.05	0.08	1.30	0.82
32.53 元/工日		未计价材料费							—				
清单项目综合单价									11.21				

续表

主要材料名称、规格、型号	单位	数量	单价（元）	合价（元）	暂估单价（元）	暂估合价（元）
材料费明细						
其他材料费			—		—	
材料费小计			—		—	

工程量清单综合单价分析表　　　　　　　　　表 1-11

工程名称：某市中心医院照明系统安装工程　　标段：　　　　　　第　页　共　页

项目编码	030412005001	项目名称	荧光灯	计量单位	套	工程量	8

清单综合单价组成明细

定额编号	定额名称	定额单位	数量	单价（元）					合价（元）				
				人工费	材料费	机械费	管理费	利润	人工费	材料费	机械费	管理费	利润
7—100	嵌入式单管荧光灯的安装	套	1.00	39.89	30.87	1.44	17.55	7.48	39.89	30.87	1.44	17.55	7.48
人工单价		小　计							39.89	30.87	1.44	17.55	7.48
32.53 元/工日		未计价材料费							6.97				
清单项目综合单价									104.20				

主要材料名称、规格、型号	单位	数量	单价（元）	合价（元）	暂估单价（元）	暂估合价（元）
材料费明细 灯具	套	1.01	6.90	6.97		
其他材料费			—			
材料费小计			—	6.97		

工程量清单综合单价分析表　　　　　　　　　表 1-12

工程名称：某市中心医院照明系统安装工程　　标段：　　　　　　第　页　共　页

项目编码	030412005002	项目名称	荧光灯	计量单位	套	工程量	10

清单综合单价组成明细

定额编号	定额名称	定额单位	数量	单价（元）					合价（元）				
				人工费	材料费	机械费	管理费	利润	人工费	材料费	机械费	管理费	利润
7—101	嵌入式双管荧光灯的安装	套	1.00	42.10	37.67	1.51	18.52	8.25	42.10	37.67	1.51	18.52	8.25
人工单价		小　计							42.10	37.67	1.51	18.52	8.25
32.53 元/工日		未计价材料费							7.27				
清单项目综合单价									115.33				

主要材料名称、规格、型号	单位	数量	单价（元）	合价（元）	暂估单价（元）	暂估合价（元）
材料费明细 灯具	套	1.01	7.20	7.27		
其他材料费			—			
材料费小计			—	7.27		

工程量清单综合单价分析表

表 1-13

工程名称：某市中心医院照明系统安装工程　　标段：

第　页　共　页

项目编码	030412001001	项目名称			普通灯具		计量单位	套	工程量	16

清单综合单价组成明细											

定额编号	定额名称	定额单位	数量	单价（元）					合价（元）				
				人工费	材料费	机械费	管理费	利润	人工费	材料费	机械费	管理费	利润
7—1	软线吊灯（固定式）的安装	套	1.00	3.81	10.51	0.11	1.68	1.24	3.81	10.51	0.11	1.68	1.24
人工单价			小　计						3.81	10.51	0.11	1.68	1.24
32.53 元/工日			未计价材料费						0.00				
清单项目综合单价									17.35				

材料费明细	主要材料名称、规格、型号			单位	数量	单价（元）	合价（元）	暂估单价（元）	暂估合价（元）
	其他材料费					—		—	
	材料费小计					—		—	

工程量清单综合单价分析表

表 1-14

工程名称：某市中心医院照明系统安装工程　　标段：

第　页　共　页

项目编码	030412001002	项目名称			普通灯具		计量单位	套	工程量	9

清单综合单价组成明细											

定额编号	定额名称	定额单位	数量	单价（元）					合价（元）				
				人工费	材料费	机械费	管理费	利润	人工费	材料费	机械费	管理费	利润
7—37	普通吸顶灯（六罩）吊顶上安装	套	1.00	90.11	53.77	4.26	39.65	15.86	90.11	53.77	4.26	39.65	15.86
人工单价			小　计						90.11	53.77	4.26	39.65	15.86
32.53 元/工日			未计价材料费						9.78				
清单项目综合单价									213.43				

材料费明细	主要材料名称、规格、型号			单位	数量	单价（元）	合价（元）	暂估单价（元）	暂估合价（元）
	灯具			套	1.01	9.78	9.78		
	其他材料费					—		—	
	材料费小计					—	9.78	—	

工程量清单综合单价分析表

表 1-15

工程名称：某市中心医院照明系统安装工程　　标段：　　　　　　　　第　页　共　页

项目编码	030412001003	项目名称				普通灯具		计量单位			套	工程量			3

清单综合单价组成明细

定额编号	定额名称	定额单位	数量	单价（元）					合价（元）				
				人工费	材料费	机械费	管理费	利润	人工费	材料费	机械费	管理费	利润
7-38	普通吸顶灯（八罩）吊顶上安装	套	1.00	148.56	71.34	6.53	65.37	24.90	148.56	71.34	6.53	65.37	24.90
				小　计					148.56	71.34	6.53	65.37	24.90
人工单价				未计价材料费					11.33				
32.53 元/工日													
	清单项目综合单价								328.02				

材料费明细	主要材料名称、规格、型号		单位	数量	单价（元）	合价（元）	暂估单价（元）	暂估合价（元）
	灯具		套	1.01	11.22	11.33		
	其他材料费				—		—	
	材料费小计				—	11.33	—	

工程量清单综合单价分析表

表 1-16

工程名称：某市中心医院照明系统安装工程　　标段：　　　　　　　　第　页　共　页

项目编码	030412001004	项目名称				普通灯具		计量单位			套	工程量			1

清单综合单价组成明细

定额编号	定额名称	定额单位	数量	单价（元）					合价（元）				
				人工费	材料费	机械费	管理费	利润	人工费	材料费	机械费	管理费	利润
7-39	嵌入式筒灯的安装	套	1.00	9.08	7.97	0.26	4.00	1.76	9.08	7.97	0.26	4.00	1.76
人工单价				小　计					9.08	7.97	0.26	4.00	1.76
32.53 元/工日				未计价材料费					11.09				
	清单项目综合单价								34.16				

材料费明细	主要材料名称、规格、型号		单位	数量	单价（元）	合价（元）	暂估单价（元）	暂估合价（元）
	灯具		套	1.01	10.98	11.09		
	其他材料费				—		—	
	材料费小计				—	11.09	—	

工程量清单综合单价分析表

表 1-17

工程名称：某市中心医院照明系统安装工程　　标段：　　　　　　　　第　页　共　页

项目编码	030412001005	项目名称				普通灯具		计量单位			套	工程量			49

清单综合单价组成明细

定额编号	定额名称	定额单位	数量	单价（元）					合价（元）				
				人工费	材料费	机械费	管理费	利润	人工费	材料费	机械费	管理费	利润
7-34	半圆球式吸顶灯（即为单罩吊顶上安装）	套	1.00	30.00	14.95	1.75	13.20	5.10	30.00	14.95	1.75	13.20	5.10
人工单价				小　计					30.00	14.95	1.75	13.20	5.10
32.53 元/工日				未计价材料费					5.95				
	清单项目综合单价								70.94				

续表

材料费明细	主要材料名称、规格、型号	单位	数量	单价（元）	合价（元）	暂估单价（元）	暂估合价（元）
	灯具	套	1.01	5.89	5.95		
	其他材料费			—		—	
	材料费小计			—	5.95	—	

工程量清单综合单价分析表

表 1-18

工程名称：某市中心医院照明系统安装工程　　标段：

第 页 共 页

项目编码	030412001006	项目名称	普通灯具	计量单位	套	工程量	8

清单综合单价组成明细

定额编号	定额名称	定额单位	数量	单价（元）					合价（元）				
				人工费	材料费	机械费	管理费	利润	人工费	材料费	机械费	管理费	利润
7—11	普通双罩壁灯的安装	套	1.00	13.88	4.32	0.40	6.11	2.15	13.88	4.32	0.40	6.11	2.15
人工单价			小　计						13.88	4.32	0.40	6.11	2.15
32.53 元/工日			未计价材料费						14.39				
		清单项目综合单价							41.25				

材料费明细	主要材料名称、规格、型号	单位	数量	单价（元）	合价（元）	暂估单价（元）	暂估合价（元）
	灯具	套	1.01	14.25	14.39		
	其他材料费			—		—	
	材料费小计			—	14.39	—	

工程量清单综合单价分析表

表 1-19

工程名称：某市中心医院照明系统安装工程　　标段：

第 页 共 页

项目编码	030412001007	项目名称	普通灯具	计量单位	套	工程量	3

清单综合单价组成明细

定额编号	定额名称	定额单位	数量	单价（元）					合价（元）				
				人工费	材料费	机械费	管理费	利润	人工费	材料费	机械费	管理费	利润
7—15	白桃罩壁灯的安装	套	1.00	13.88	4.32	0.40	6.11	2.15	13.88	4.32	0.40	6.11	2.15
人工单价			小　计						13.88	4.32	0.40	6.11	2.15
32.53 元/工日			未计价材料费						0.00				
		清单项目综合单价							26.85				

材料费明细	主要材料名称、规格、型号	单位	数量	单价（元）	合价（元）	暂估单价（元）	暂估合价（元）
	其他材料费			—		—	
	材料费小计			—		—	

工程量清单综合单价分析表　　　　　　　　　　　　　　　　表 1-20

工程名称：某市中心医院照明系统安装工程　　　标段：　　　　　　　　　　第　页　共　页

项目编码	030412006001	项目名称		医疗专用灯			计量单位		套	工程量		102

清单综合单价组成明细

定额编号	定额名称	定额单位	数量	单价（元）					合价（元）				
				人工费	材料费	机械费	管理费	利润	人工费	材料费	机械费	管理费	利润
7-126	叫护士灯的安装	套	1.00	52.49	25.51	1.51	23.10	8.76	52.49	25.51	1.51	23.10	8.76
人工单价			小　计						52.49	25.51	1.51	23.10	8.76
32.53 元/工日			未计价材料费						17.39				
清单项目综合单价									128.76				

材料费明细	主要材料名称、规格、型号			单位	数量	单价（元）	合价（元）	暂估单价（元）	暂估合价（元）
	灯具			套	1.01	17.22	17.39		
	其他材料费					—	—		
	材料费小计					—	17.39	—	

工程量清单综合单价分析表　　　　　　　　　　　　　　　　表 1-21

工程名称：某市中心医院照明系统安装工程　　　标段：　　　　　　　　　　第　页　共　页

项目编码	030412006002	项目名称		医疗专用灯			计量单位		套	工程量		102

清单综合单价组成明细

定额编号	定额名称	定额单位	数量	单价（元）					合价（元）				
				人工费	材料费	机械费	管理费	利润	人工费	材料费	机械费	管理费	利润
7-130	病房叫号灯的安装	套	1.00	10.49	2.76	0.30	4.62	1.59	10.49	2.76	0.30	4.62	1.59
人工单价			小　计						10.49	2.76	0.30	4.62	1.59
32.53 元/工日			未计价材料费						13.80				
清单项目综合单价									33.55				

材料费明细	主要材料名称、规格、型号			单位	数量	单价（元）	合价（元）	暂估单价（元）	暂估合价（元）
	灯具			套	1.01	13.66	13.80		
	其他材料费					—	—		
	材料费小计					—	13.80	—	

工程量清单综合单价分析表　　　　　　　　　　　　　　　　表 1-22

工程名称：某市中心医院照明系统安装工程　　　标段：　　　　　　　　　　第　页　共　页

项目编码	030412006003	项目名称		医疗专用灯			计量单位		套	工程量		102

清单综合单价组成明细

定额编号	定额名称	定额单位	数量	单价（元）					合价（元）				
				人工费	材料费	机械费	管理费	利润	人工费	材料费	机械费	管理费	利润
7-128	病床指示灯的安装	套	1.00	10.49	2.76	0.30	4.62	1.59	10.49	2.76	0.30	4.62	1.59
人工单价			小　计						10.49	2.76	0.30	4.62	1.59
32.53 元/工日			未计价材料费						6.65				
清单项目综合单价									26.40				

续表

材料费明细	主要材料名称、规格、型号	单位	数量	单价（元）	合价（元）	暂估单价（元）	暂估合价（元）
	灯具	套	1.01	6.58	6.65		
	其他材料费			—			—
	材料费小计			—	6.65		

工程量清单综合单价分析表　　　　表 1-23

工程名称：某市中心医院照明系统安装工程　　标段：　　　　　　　第 页 共 页

项目编码	030412006004	项目名称	医疗专用灯	计量单位	套	工程量	6

清单综合单价组成明细

定额编号	定额名称	定额单位	数量	单价（元）					合价（元）				
				人工费	材料费	机械费	管理费	利润	人工费	材料费	机械费	管理费	利润
7—131	手术室无影灯的安装	套	1.00	121.85	59.41	3.50	53.61	20.35	121.85	59.41	3.50	53.61	20.35
人工单价		小　计							121.85	59.41	3.50	53.61	20.35
32.53 元/工日		未计价材料费							45.46				
清单项目综合单价									304.19				

材料费明细	主要材料名称、规格、型号	单位	数量	单价（元）	合价（元）	暂估单价（元）	暂估合价（元）
	灯具	套	1.01	45.01	45.46		
	其他材料费			—			
	材料费小计			—	45.46		

工程量清单综合单价分析表　　　　表 1-24

工程名称：某市中心医院照明系统安装工程　　标段：　　　　　　　第 页 共 页

项目编码	030412006005	项目名称	医疗专用灯	计量单位	套	工程量	6

清单综合单价组成明细

定额编号	定额名称	定额单位	数量	单价（元）					合价（元）				
				人工费	材料费	机械费	管理费	利润	人工费	材料费	机械费	管理费	利润
7—132	看片灯的安装	套	1.00	17.00	13.75	0.49	7.48	3.22	17.00	13.75	0.49	7.48	3.22
人工单价		小　计							17.00	13.75	0.49	7.48	3.22
32.53 元/工日		未计价材料费							103.00				
清单项目综合单价									144.94				

材料费明细	主要材料名称、规格、型号	单位	数量	单价（元）	合价（元）	暂估单价（元）	暂估合价（元）
	灯具	套	1.01	101.98	103.00		
	其他材料费			—			
	材料费小计			—	103.00		

工程量清单综合单价分析表　　　　　　表 1-25

工程名称：某市中心医院照明系统安装工程　　标段：　　　　　　　第　页　共　页

项目编码	030412004001	项目名称		装饰灯		计量单位	套	工程量	39

清单综合单价组成明细

定额编号	定额名称	定额单位	数量	单价（元）					合价（元）				
				人工费	材料费	机械费	管理费	利润	人工费	材料费	机械费	管理费	利润
7-239	吸顶式玻璃罩灯的安装,灯体半周长1500mm,灯体垂吊长度为400mm	套	1.00	46.57	39.86	6.74	20.49	9.36	46.57	39.86	6.74	20.49	9.36
人工单价			小　计						46.57	39.86	6.74	20.49	9.36
32.53 元/工日			未计价材料费						12.79				
清单项目综合单价									135.81				

	主要材料名称、规格、型号			单位	数量	单价（元）	合价（元）	暂估单价（元）	暂估合价（元）
材料费明细	灯具			套	1.01	12.66	12.79		
	其他材料费					—			
	材料费小计					—	12.79	—	

工程量清单综合单价分析表　　　　　　表 1-26

工程名称：某市中心医院照明系统安装工程　　标段：　　　　　　　第　页　共　页

项目编码	030412002001	项目名称		工厂灯		计量单位	套	工程量	4

清单综合单价组成明细

定额编号	定额名称	定额单位	数量	单价（元）					合价（元）				
				人工费	材料费	机械费	管理费	利润	人工费	材料费	机械费	管理费	利润
7-109	嵌入式碘钨灯的安装	套	1.00	7.46	1.13	0.21	3.28	1.07	7.46	1.13	0.21	3.28	1.07
人工单价			小　计						7.46	1.13	0.21	3.28	1.07
32.53 元/工日			未计价材料费						28.48				
清单项目综合单价									41.63				

	主要材料名称、规格、型号			单位	数量	单价（元）	合价（元）	暂估单价（元）	暂估合价（元）
材料费明细	灯具			套	1.01	12.66	12.79		
	碘钨灯管			根	1.03	15.23	15.69		
	其他材料费					—			
	材料费小计					—	28.48	—	

工程量清单综合单价分析表

表 1-27

工程名称：某市中心医院照明系统安装工程　　标段：　　　　　　　　　第　页　共　页

| 项目编码 | 030412002002 | 项目名称 | | | 工厂灯 | | | 计量单位 | 套 | | 工程量 | | 1 |

清单综合单价组成明细

定额编号	定额名称	定额单位	数量	单价（元）					合价（元）				
				人工费	材料费	机械费	管理费	利润	人工费	材料费	机械费	管理费	利润
7—107	支架上碘钨灯的安装	套	1.00	13.05	2.63	0.37	5.74	1.92	13.05	2.63	0.37	5.74	1.92
人工单价				小　　计					13.05	2.63	0.37	5.74	1.92
32.53 元/工日				未计价材料费					28.02				
清单项目综合单价									51.73				

材料费明细	主要材料名称、规格、型号			单位	数量	单价（元）	合价（元）	暂估单价（元）	暂估合价（元）
	灯具			套	1.01	12.44	12.56		
	碘钨灯管			根	1.03	15.01	15.46		
	其他材料费					—		—	
	材料费小计					—	28.02	—	

工程量清单综合单价分析表

表 1-28

工程名称：某市中心医院照明系统安装工程　　标段：　　　　　　　　　第　页　共　页

| 项目编码 | 030412002003 | 项目名称 | | | 工厂灯 | | | 计量单位 | 套 | | 工程量 | | 2 |

清单综合单价组成明细

定额编号	定额名称	定额单位	数量	单价（元）					合价（元）				
				人工费	材料费	机械费	管理费	利润	人工费	材料费	机械费	管理费	利润
7—113	防潮灯的安装	套	1.00	7.07	2.82	0.20	3.11	1.14	7.07	2.82	0.20	3.11	1.14
人工单价				小　　计					7.07	2.82	0.20	3.11	1.14
32.53 元/工日				未计价材料费					13.69				
清单项目综合单价									28.02				

材料费明细	主要材料名称、规格、型号			单位	数量	单价（元）	合价（元）	暂估单价（元）	暂估合价（元）
	灯具			套	1.01	13.55	13.69		
	其他材料费					—		—	
	材料费小计					—	13.69	—	

工程量清单综合单价分析表

表 1-29

工程名称：某市中心医院照明系统安装工程　　标段：　　　　　　　　　第　页　共　页

| 项目编码 | 030404031001 | 项目名称 | | | 小电器 | | | 计量单位 | 套 | | 工程量 | | 122 |

清单综合单价组成明细

定额编号	定额名称	定额单位	数量	单价（元）					合价（元）				
				人工费	材料费	机械费	管理费	利润	人工费	材料费	机械费	管理费	利润
7—335	跷板式暗开关（单控）单联	套	1.00	2.66	0.34	0.08	1.17	0.38	2.66	0.34	0.08	1.17	0.38
人工单价				小　　计					2.66	0.34	0.08	1.17	0.38
32.53 元/工日				未计价材料费					7.05				
清单项目综合单价									11.68				

材料费明细	主要材料名称、规格、型号	单位	数量	单价（元）	合价（元）	暂估单价（元）	暂估合价（元）
	开关	套	1.02	6.98	7.05		
	其他材料费			—		—	
	材料费小计			—	7.05	—	

工程量清单综合单价分析表   表 1-30

工程名称：某市中心医院照明系统安装工程   标段：   第 页 共 页

项目编码	030404031002	项目名称		小电器		计量单位	套	工程量	10

清单综合单价组成明细

定额编号	定额名称	定额单位	数量	单价（元）					合价（元）				
				人工费	材料费	机械费	管理费	利润	人工费	材料费	机械费	管理费	利润
7-336	跷板式暗开关（单控）双联	套	1.00	2.80	0.46	0.08	1.23	0.40	2.80	0.46	0.08	1.23	0.40
人工单价			小　计						2.80	0.46	0.08	1.23	0.40
32.53元/工日			未计价材料费						7.21				
清单项目综合单价									12.19				

材料费明细	主要材料名称、规格、型号	单位	数量	单价（元）	合价（元）	暂估单价（元）	暂估合价（元）
	开关	套	1.02	7.14	7.21		
	其他材料费			—		—	
	材料费小计			—	7.21	—	

工程量清单综合单价分析表   表 1-31

工程名称：某市中心医院照明系统安装工程   标段：   第 页 共 页

项目编码	030404031003	项目名称		小电器		计量单位	套	工程量	1

清单综合单价组成明细

定额编号	定额名称	定额单位	数量	单价（元）					合价（元）				
				人工费	材料费	机械费	管理费	利润	人工费	材料费	机械费	管理费	利润
7-337	跷板式暗开关（单控）三联	套	1.00	2.89	0.55	0.08	1.27	0.42	2.89	0.55	0.08	1.27	0.42
人工单价			小　计						2.89	0.55	0.08	1.27	0.42
32.53元/工日			未计价材料费						6.68				
清单项目综合单价									11.90				

材料费明细	主要材料名称、规格、型号	单位	数量	单价（元）	合价（元）	暂估单价（元）	暂估合价（元）
	开关	套	1.02	6.55	6.68		
	其他材料费			—		—	
	材料费小计			—	6.68	—	

工程量清单综合单价分析表

表 1-32

工程名称：某市中心医院照明系统安装工程　　标段：　　　　第　页　共　页

项目编码	030404031004	项目名称		小电器		计量单位		套		工程量	25

清单综合单价组成明细

定额编号	定额名称	定额单位	数量	单价（元）					合价（元）				
				人工费	材料费	机械费	管理费	利润	人工费	材料费	机械费	管理费	利润
7—355	单相插座（带保护接点插座、带接地插孔）暗装	套	1.00	4.57	0.27	0.13	2.01	0.63	4.57	0.27	0.13	2.01	0.63
人工单价		小　计							4.57	0.27	0.13	2.01	0.63
32.53 元/工日		未计价材料费							15.32				
清单项目综合单价									22.93				

	主要材料名称、规格、型号			单位	数量	单价（元）	合价（元）	暂估单价（元）	暂估合价（元）
材料费明细	插座			套	1.02	15.02	15.32		
	其他材料费					—		—	
	材料费小计					—	15.32	—	

工程量清单综合单价分析表

表 1-33

工程名称：某市中心医院照明系统安装工程　　标段：　　　　第　页　共　页

项目编码	030404031005	项目名称		小电器		计量单位		套		工程量	2

清单综合单价组成明细

定额编号	定额名称	定额单位	数量	单价（元）					合价（元）				
				人工费	材料费	机械费	管理费	利润	人工费	材料费	机械费	管理费	利润
7—360	接地插座的安装	套	1.00	11.87	0.64	0.34	5.22	1.62	11.87	0.64	0.34	5.22	1.62
人工单价		小　计							11.87	0.64	0.34	5.22	1.62
32.53 元/工日		未计价材料费							25.72				
清单项目综合单价									45.42				

	主要材料名称、规格、型号			单位	数量	单价（元）	合价（元）	暂估单价（元）	暂估合价（元）
材料费明细	插座			套	1.02	25.22	25.72		
	其他材料费					—		—	
	材料费小计					—	25.72	—	

投 标 总 价

招 标 人： 某市中心医院

工程名称： 某市中心医院照明系统安装工程

投标总价（小写）： 148940

（大写）： 拾肆万捌仟玖佰肆拾

投 标 人： 某某建筑安装工程公司单位公章
（单位盖章）

法定代表人
或其授权人： 某某建筑安装工程公司
（签字或盖章）

编制人： ×××签字盖造价工程师或造价员专用章
（造价人员签字盖专用章）

编制时间：××××年××月××日

总 说 明

工程名称：某市中心医院照明系统安装工程　　　　　　　　　　　第　页　共　页

　　1. 工程概况

　　本工程为某市中心医院照明系统安装工程，该医院总共四层，每层均设置得不同，根据不同的场合安装的灯具也不相同，一层主要是医院大厅和各个科室的门诊部门，二层以上为住院部，二层主要是妇产科主治层，包括儿童病房在内，三层主要是内科手术室及有关内科的普通病房等，四层为长期住院的病人所在地，此层设置有高级病房和值班室及普通病房。医院的电气照明配线除手术室外均采用铝芯聚氯乙烯绝缘电线 BLV—2.5mm^2，手术室因为安装的设备用电量大且可靠性必须得到保证，所以采用型号 BLV—4.0mm^2 的电线。配管在主干线上（楼层之间的连接）选用镀锌电线管砖、混凝土结构暗配，公称直径为 40mm，周围的室内配管选用PVC阻燃塑料管暗敷设，走廊两边选用直径为 70mm，单独的室内配线选用直径为 32mm。开关安装高度为1.0m，插座安装高度为 0.45m。

　　2. 投标控制价包括范围

　　本次招标的某市中心医院照明系统施工图范围内的安装工程。

　　3. 投标控制价编制依据

　　(1)招标文件及其所提供的工程量清单和有关计价的要求，招标文件的补充通知和答疑纪要。

　　(2)该市中心医院照明系统施工图及投标施工组织设计。

　　(3)有关的技术标准、规范和安全管理规定。

　　(4)省建设主管部门颁发的计价定额和计价管理办法及有关计价文件。

　　(5)材料价格采用工程所在地工程造价管理机构发布的价格信息，对于造价信息没有发布的材料，其价格参照市场价。

工程项目投标报价汇总表　　　　　　　　　表 1-34

工程名称：某市中心医院照明系统安装工程　　　　　　　　　　　第　页　共　页

序号	单项工程名称	金额(元)	其　中		
			暂估价(元)	安全文明施工费(元)	规费(元)
1	某市中心医院照明系统安装工程	148940.85	20000	499.14	5123.71
合　　计		148940.85	20000	499.14	5123.71

单项工程投标报价汇总表　　　　　　　　　表 1-35

工程名称：某市中心医院照明系统安装工程　　　　　　　　　　　第　页　共　页

序号	单项工程名称	金额(元)	其　中		
			暂估价(元)	安全文明施工费(元)	规费(元)
1	某市中心医院照明系统安装工程	148940.85	20000	499.14	5123.71
合　　计		148940.85	20000	499.14	5123.71

单位工程投标报价汇总表

表 1-36

工程名称：某市中心医院照明系统安装工程

第 页 共 页

序 号	汇总内容	金额（元）	其中：暂估价（元）
1	分部分项工程	96250.10	
1.1	某市中心医院照明系统安装工程	96250.10	
1.2			
1.3			
1.4			
2	措施项目	2680.13	
2.1	安全文明施工费	499.14	
3	其他项目	42337.52	
3.1	暂列金额	14437.52	
3.2	专业工程暂估价	20000	
3.3	计日工	7100	
3.4	总承包服务费	800	
4	规费	5123.71	
5	税金	2549.39	
	合计＝1＋2＋3＋4＋5	148940.85	

注：这里的分部分项工程中存在暂估价。

分部分项工程量清单与计价表见例题中表 1-5。

措施项目清单与计价表

表 1-37

工程名称：某市中心医院照明系统安装工程　　标段：

第 页 共 页

序号	项目名称	计算基础	费率	金额（元）
1	环境保护费	人工费(21701.42 元)	0.2%	43.40
2	文明施工费	人工费	1.8%	390.63
3	安全施工费	人工费	0.5%	108.51
4	临时设施费	人工费	6.8%	1475.70
5	夜间施工增加费	人工费	0.05%	10.85
6	缩短工期增加费	人工费	2.0%	434.03
7	二次搬运费	人工费	0.8%	173.61
8	已完工程及设备保护费	人工费	0.2%	43.40
	合　计			2680.13

注：表 1-37 费率参考《浙江省建设工程施工取费定额》（2003 年）。

其他项目清单与计价汇总表

表 1-38

工程名称：某市中心医院照明系统安装工程　　标段：

第 页 共 页

序号	项目名称	计量单位	金额（元）	备　注
1	暂列金额	项	14437.52	一般按分部分项工程（96250.10 元）的 10%～15%，这里按照 15%计算
2	暂估价		20000	

续表

序号	项目名称	计量单位	金额(元)	备　注
2.1	材料暂估价			按实际发生计算
2.2	专业工程暂估价	项	20000	按有关规定估算
3	计日工		7100	
4	总承包服务费		800	一般为专业工程估价的 3%～5%,这里按照 4% 计算
	合　计		42337.52	

注:表1-38第1、4项备注参考《工程量清单计价规范》,材料暂估单价进入清单项目综合单价,此处不汇总。

计日工表　　　　　　　　　　　　　　　　　　　　　　表 1-39

工程名称:某市中心医院照明系统安装工程　　标段:　　　　　　　第　页　共　页

编号	项目名称	单　位	暂定数量	综合单价(元)	合价(元)
一	人工				
1	普工	工日	50	70	3500
2	技工(综合)	工日	30	120	3600
3					
4					
	人　工　小　计				7100
二	材料				
1					
2					
3					
4					
5					
6					
	材料小计				
三	施工机械				
1	按实际发生计算				
2					
3					
4					
	施工机械小计				
	总　　计				7100

注:表1-39项目,名称由招标人填写,编制招标控制价时,单价由招标人按有关计价规定确定;投标时,单价由投标人自主报价,计入投标总价中。

51

规费税金项目清单与计价表 表 1-40

工程名称：某市中心医院照明系统安装工程　标段：　　　　　　第　页　共　页

序号	项目名称	计算基础	计算费率	金额(元)
一	规费	人工费(21701.42元)	23.61%	5123.71
1.1	工程排污费			
1.2	工程定额测定费			
1.3	工伤保险费			
1.4	养老保险费			
1.5	失业保险费			
1.6	医疗保险费			
1.7	住房公积金			
1.8	危险作业意外伤害保险费			
二	税金	直接费＋综合费用＋规费[(46830.00＋21701.42×0.95＋5123.71)元＝72570.06元]	3.513	2549.39
2.1	税费	直接费＋综合费用＋规费	3.413	2476.82
2.2	水利建设基金	直接费＋综合费用＋规费	0.1	72.57
合　计				7673.10

注：表 1-40 费率参考《浙江省建设工程施工取费定额》(2003 年)。

工程量清单综合单价分析表见例题中表 1-6～表 1-33。

精讲实例 2
某楼宇安全防范系统设计

2.1 简要工程概况

某工商银行位于市区中心繁华区域，要求安装 1 套电视监控系统对银行的柜台、门口、现金出纳台和金库进行监控和记录。

（1）用于监控门口人员出入情况的摄像机采用电动云台（6kg）且带红外光源彩色摄像机 1 台，用自动光圈变焦变倍镜头，采用壁式支架安装；

（2）用于监控柜台以及现金出纳台的摄像机应分别采用电动云台（6kg）带预置球形的一体机各 1 台，用自动光圈变焦变倍镜头，均采用悬挂式支架安装；

（3）用于监控金库的摄像机，采用电动云台（6kg）的针孔镜头彩色摄像机 1 台，并安装定焦广角自动光圈镜头，采用悬挂式支架安装；

（4）所有的摄像机罩均采用室内密封防护型，且所有的电动云台共用 1 台云台控制器；

（5）4 台摄像机输出的视频信号先进入微机矩阵切换设备——四切二切换器，一路信号由单通道的视频补偿器经视频分配器分配给中心控制室的彩色不带键显示终端（1 台）和磁带录像机（1 台）；另一路信号经视频分配器传送给经理室的彩色带键显示终端（1 台）和视频打印机（1 台）。

2.2 工程图纸识读

某楼宇安全防范的具体监控系统图如图 2-1 所示。

从图 2-1 中可以看到在工商银行门口和柜台各设有 1 台摄像机进行监控，四台摄像机采集的监控数据通过与之连接的微机矩阵切换设备——四切二切换器，将信号分为两路，一路信号由单通道的视频补偿器经视频分配器分配给中心控制室的彩色不带键显示终端（1 台）和磁带录像机（1 台）；另一路信号经视频分配器传送给经理室的彩色带键显示终端（1 台）和视频打印机（1 台）。视频打印机和彩色带键显示终端位于经理室内，由经理进行控制；彩色不带键显示终端和磁带录像机位于控制中心内。

53

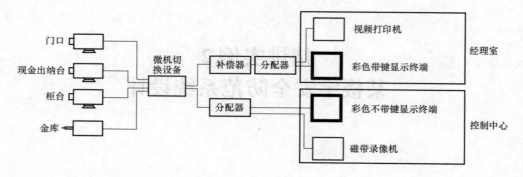

图 2-1 某小型工商银行的电视监控系统图

2.3 工程量计算规则

在进行工程量计算前，读者必须明确工程量计算规则，在规则的指引下进行正确、快速的工程量计算。

1. 清单工程量计算规则

某楼宇的安全防范系统涉及的清单项目编码及其工程量计算规则见表 2-1。

清单工程量计算规则 表 2-1

项目编码	项目特征	计 算 规 则
030507008	监控摄像设备	按设计图示数量计算
030507009	视频控制设备	按设计图示数量计算
030507010	音频、视频及脉冲分配器	按设计图示数量计算
030507011	视频补偿器	按设计图示数量计算
030507013	录像设备	按设计图示数量计算
030507014	显示设备	1. 以台计量，按设计图示数量计算 2. 以平方米计量，按设计图示面积计算
030507018	安全防范全系统调试	按设计内容计算

2. 定额工程量计算规则

某楼宇的安全防范系统所涉及的设备的定额工程量计算规则如下：

（1）出入口控制设备、出入口执行机构设备、电视监控摄像设备、视频控制设备、控制台和监视器柜、音频、视频及脉冲分配器、视频补偿器、视频传输设备、录像、记录设备、监控中心设备、CRT 显示终端、模拟盘安装，以"台"为计量单位；

（2）分系统调试、系统工程试运行以"系统"为计量单位。

2.4　工程算量讲解部分

【解】　一、清单工程量计算

本工程属于建筑智能工程中的电视监控系统（CCTV）设备安装工程，首先依据国家清单计价规范计算其清单工程量。

1. 电视监控摄像设备（按设计图示数量计算）

（1）带红外光源的彩色摄像机	1 台
（2）带预置球形的一体机	2 台
（3）带定焦广角自动光圈镜头的彩色摄像机	1 台

2. 视频控制设备

（1）云台控制器	1 台
（2）微机矩阵切换设备（8 路以内）	1 台

3. 视频分配器　　　　　　　　　　　　　　　2 台

4. 单通道的视频补偿器　　　　　　　　　　　1 台

5. 录像、记录设备

（1）数字录像机	1 台
（2）视频打印机	1 台

6. CRT 显示终端

（1）CRT 显示终端（彩色不带键）	1 台
（2）CRT 显示终端（彩色带键）	1 台

7. 安全防范系统

（1）电视监控系统调试（4 台摄像机）	4 个系统
（2）电视监控系统试运行	1 个系统

然后根据以上计算的清单工程量列出清单工程量计算表，见表 2-2。

清单工程量计算表　　　　　　　　　　　　　　　表 2-2

序号	项目编码	项目名称	项目特征描述	计量单位	工程量
1	030507008001	电视监控摄像设备	电动云台(6kg)且带红外光源彩色摄像机,用自动光圈变焦变倍镜头,采用壁式支架安装,机罩采用室内密封防护型	台	1
2	030507008002	电视监控摄像设备	电动云台(6kg)带预置球形的一体机,用自动光圈变焦变倍镜头,采用悬挂式支架安装,机罩采用室内密封防护型	台	2
3	030507008003	电视监控摄像设备	电动云台(6kg)针孔镜头彩色摄像机,并安装定焦广角自动光圈镜头,采用悬挂式支架安装,机罩采用室内密封防护型	台	1

续表

序号	项目编码	项目名称	项目特征描述	计量单位	工程量
4	030507009001	视频控制设备	微机矩阵切换设备（8路以内）	台	1
5	030507009002	视频控制设备	云台控制器	台	1
6	030507010001	视频分配器	视频分配器	台	2
7	030507011001	视频补偿器	单通道的视频补偿器	台	1
8	030507013001	录像设备	磁带录像机	台	1
9	030507013002	录像设备	视频打印机	台	1
10	030507014001	CRT显示终端	CRT显示终端（彩色不带键）	台	1
11	030507014002	CRT显示终端	CRT显示终端（彩色带键）	台	1
12	030507018001	安全防范系统	电视监控系统调试（4台摄像机），电视监控系统试运行	系统	1

二、定额工程量计算

套用2010年黑龙江定额，并按照定额工程量计算规则计算定额工程量，且找出其价格。

1. 带红外光源的彩色摄像机

（1）带红外光源的彩色摄像机的安装　　　　1台　　　　套用定额2—756

（2）自动光圈变焦变倍镜头的安装　　　　1台　　　　套用定额2—764

（3）电动云台（6kg）的安装　　　　1台　　　　套用定额2—817

（4）壁式摄像机支架的安装　　　　1套　　　　套用定额2—820

（5）室内密封防护型机罩的安装　　　　1套　　　　套用定额2—823

2. 带预置球形的一体机

（1）带预置球形的一体机的安装　　　　2台　　　　套用定额2—759

（2）自动光圈变焦变倍镜头的安装　　　　2台　　　　套用定额2—764

（3）电动云台（6kg）的安装　　　　2台　　　　套用定额2—817

（4）悬挂式摄像机支架的安装　　　　2套　　　　套用定额2—821

（5）室内密封防护型机罩的安装　　　　2套　　　　套用定额2—823

3. 带定焦广角自动光圈镜头的彩色摄像机

（1）带定焦自动光圈镜头的彩色摄像机的安装1台　　　　套用定额2—754

（2）自动光圈定焦变倍镜头的安装　　　　1台　　　　套用定额2—763

（3）电动云台（6kg）的安装　　　　1台　　　　套用定额2—817

（4）悬挂式摄像机支架的安装　　　　1套　　　　套用定额2—821

（5）室内密封防护型机罩的安装　　　　1套　　　　套用定额2—823

4. 云台控制器的安装　　　　1台　　　　套用定额2—768

5. 微机矩阵切换设备（8路以内）的安装　　　　1台　　　　套用定额2—770

6. 视频分配器的安装　　　　2台　　　　套用定额2—780

7. 单通道的视频补偿器的安装　　　　　1台　　　套用定额2－783

8. 磁带录像机的安装　　　　　　　　　1台　　　套用定额2－793

9. 视频打印机的安装　　　　　　　　　1台　　　套用定额2－797

10. CRT 显示终端（彩色不带键）的安装　1台　　　套用定额2－803

11. CRT 显示终端（彩色带键）的安装　　1台　　　套用定额2－804

12. 电视监控系统

（1）电视监控系统调试（4台摄像机）　4个系统　　套用定额2－808

（2）电视监控系统试运行　　　　　　　1个系统　　套用定额2－816

该工程预算见表 2-3。

某小型工商银行的电视监控系统设备安装工程预算表　　　　表 2-3

序号	定额编号	项 目 名 称	计量单位	工程量	基价（元）	人工费（元）	材料费（元）	机械费（元）	合价（元）
						其中：			
		C. 12　建筑智能化系统设备安装工程							
1	2－756	带红外光源的彩色摄像机的安装	台	1	111.22	106.00	0.56	4.66	111.22
2	2－764	自动光圈变焦变倍镜头的安装	台	1	29.75	25.97	1.65	2.13	29.75
3	2－817	电动云台（6kg）的安装	台	1	87.38	84.27	3.11	—	87.38
4	2－820	壁式摄像机支架的安装	台	1	60.80	53.00	7.80		60.80
5	2－823	室内密封防护型机罩的安装	台	1	34.82	32.33	2.49		34.82
6	2－759	带预置球形的一体机的安装	台	2	88.38	79.50	0.71	8.12	176.76
7	2－764	自动光圈变焦变倍镜头的安装	台	2	29.75	25.97	1.65	2.13	59.50
8	2－817	电动云台（6kg）的安装	台	2	87.38	84.27	3.11	—	174.76
9	2－821	悬挂式摄像机支架的安装	台	2	87.30	79.50	7.80		174.60
10	2－823	室内密封防护型机罩的安装	台	2	34.82	32.33	2.49		69.64
11	2－754	带定焦自动光圈镜头的彩色摄像机的安装	台	1	74.37	68.90	0.76	4.71	74.37
12	2－763	自动光圈定焦变倍镜头的安装	台	1	13.14	10.60	1.50	1.04	13.14
13	2－817	电动云台（6kg）的安装	台	1	87.38	84.27	3.11	—	87.38
14	2－821	悬挂式摄像机支架的安装	台	1	87.30	79.50	7.80	—	87.30
15	2－823	室内密封防护型机罩的安装	台	1	34.82	32.33	2.49		34.82
16	2－768	云台控制器的安装	台	1	51.25	42.40	1.78	7.07	51.25
17	2－770	微机矩阵切换设备（8 路以内）的安装	台	1	82.84	70.49	1.50	10.85	82.84
18	2－780	视频分配器的安装	台	2	57.48	53.00	0.29	4.19	114.96

序号	定额编号	项目名称	计量单位	工程量	基价(元)	其中:			合价(元)
						人工费(元)	材料费(元)	机械费(元)	
19	2—783	单通道的视频补偿器的安装	台	1	24.10	21.73	1.78	0.59	24.10
20	2—793	磁带录像机的安装	台	1	31.00	29.15	—	1.85	31.00
21	2—797	视频打印机的安装	台	1	48.23	48.23			48.23
22	2—803	CRT 显示终端(彩色不带键)的安装	台	1	325.97	317.36	8.61	—	325.97
23	2—804	CRT 显示终端(彩色带键)的安装	台	1	498.86	490.25	8.61	—	498.86
24	2—808	电视监控系统调试(4 台摄像机)	系统	4	18.32	17.49	0.56	0.27	73.28
25	2—816	电视监控系统试运行	系统	1	1720.29	1628.69	—	91.60	1720.29
		本页小计							
		合　计							4247.02

2.5　工程算量计量技巧

1. 在计算工程量时，合理安排计算的顺序。可以根据图示，按照一定的顺序进行列项，比如按照图示从左至右、从上到下，这样可以确保计算子目的完整性，避免漏项、重项。在计算时，确保不遗漏每个项目，计算完成后对每一项进行复查，防止漏算。

2. 在进行安全防范工程工程量计算时，要明确该子目对应的项目编码、项目名称及其计算规则，不要不确定名称就随意套用清单编码及定额编码。

2.6　清单综合单价详细分析

某楼宇安全防范系统的工程量清单见表 2-4～表 2-16。

分部分项工程量清单与计价表　　　　　　　　　　　　表 2-4

序号	项目编码	项目名称	项目特征描述	计量单位	工程量	金额(元)		
						综合单价	合价	其中:暂估价
1	030507008001	电视监控摄像设备	电动云台(6kg)且带红外光源彩色摄像机，用自动光圈变焦变倍镜头，采用壁式支架安装，机罩采用室内密封防护型	台	1	469.71	469.71	

续表

序号	项目编码	项目名称	项目特征描述	计量单位	工程量	金额（元）		
						综合单价	合价	其中：暂估价
2	030507008002	电视监控摄像设备	电动云台(6kg)带预置球形的一体机，用自动光圈变焦变倍镜头，采用悬挂式支架安装，机罩采用室内密封防护型	台	2	473.43	946.86	
3	030507008003	电视监控摄像设备	电动云台(6kg)针孔镜头彩色摄像机，并安装定焦广角自动光圈镜头，采用悬挂式支架安装，机罩采用室内密封防护型	台	1	430.25	430.25	
4	030507009001	视频控制设备	微机矩阵切换设备(8路以内)	台	1	71.90	71.90	
5	030507009002	视频控制设备	云台控制器	台	1	117.08	117.08	
6	030507010001	视频分配器	视频分配器	台	2	83.06	166.12	
7	030507011001	视频补偿器	单通道的视频补偿器	台	1	34.64	34.64	
8	030507013001	录像设备	磁带录像机	台	1	45.05	45.05	
9	030507013002	录像设备	视频打印机	台	1	71.38	71.38	
10	030507014001	CRT 显示终端	CRT 显示终端(彩色不带键)	台	1	478.73	478.73	
11	030507014002	C RT 显示终端	CRT 显示终端(彩色带键)	台	1	734.61	734.61	
12	030507018001	安全防范系统	电视监控系统调试(4台摄像机)，电视监控系统试运行	系统	1	2531.56	2531.56	
合　　计							6097.89	

工程量清单综合单价分析表

表2-5

工程名称：某小型工商银行的电视监控系统设备安装工程

项目编码	030507008001	项目名称	电视监控摄像设备	标段：	第 页 共 页 1

计量单位	台	工程量	

清单综合单价组成明细

定额编号	定额名称	定额单位	数量	单价(元) 人工费	人工费差价	材料费	材料风险费	机械费	机械风险费	企业管理费	利润	合价(元) 人工费	人工费差价	材料费	材料风险费	机械费	机械风险费	企业管理费	利润
2-756	带红外光源的彩色摄像机的安装	台	1	106.00	0.00	0.56	0.03	4.66	0.14	19.08	31.80	106.00	0.00	0.56	0.03	4.66	0.14	19.08	31.80
2-764	自动光圈变焦倍镜头的安装	台	1	25.97	0.00	1.65	0.08	2.13	0.06	4.67	7.79	25.97	0.00	1.65	0.08	2.13	0.06	4.67	7.79
2-817	电动云台(6kg)的安装	台	1	84.27	0.00	3.11	0.16	0.00	0.00	15.17	25.28	84.27	0.00	3.11	0.16	0.00	0.00	15.17	25.28
2-820	壁装式摄像机支架的安装	台	1	53.00	0.00	7.80	0.39	0.00	0.00	9.54	15.90	53.00	0.00	7.80	0.39	0.00	0.00	9.54	15.90
2-823	室内密封防护型机架的安装	台	1	32.33	0.00	2.49	0.12	0.00	0.00	5.82	9.70	32.33	0.00	2.49	0.12	0.00	0.00	5.82	9.70
人工单价	小 计											301.57	0.00	15.61	0.78	6.79	0.20	54.28	90.47
53元/工日	未计价材料费											—							
	清单项目综合单价											469.71							

材料费明细	主要材料名称、规格、型号	单位	数量	单价(元)	合价(元)	暂估单价(元)	暂估合价(元)
				—		—	
	其他材料费			—		—	
	材料费小计			—			

【注释】　人工费差价＝∑人工消耗量×(合同约定或省建设行政主管部门发布的人工单价—定额中的人工单价)，本例两者相同均为53元/工日，因此人工费差价为0;

材料风险费为相应材料费的5%，下同;

机械风险费为相应机械费的3%，下同;

企业管理费为相应人工费的14%～18%，本例中取18%，下同;

利润为相应人工费的10%～30%，本例中取30%，下同。

工程量清单综合单价分析表

表2-6　第　页　共　2　页

工程名称：某小型工商银行的电视监控系统设备安装工程　标段：

项目编码	030507008002	项目名称	电视监控摄像设备	计量单位	台	工程量	

清单综合单价组成明细:

定额编码	定额名称	定额单位	数量	单价(元)								合价(元)							
				人工费	人工费差价	材料费	材料风险费	机械费	机械风险费	企业管理费	利润	人工费	人工费差价	材料费	材料风险费	机械费	机械风险费	企业管理费	利润
2-759	带预置球形的一体机的安装	台	1	79.50	0.00	0.71	0.04	8.12	0.24	14.31	23.85	79.50	0.00	0.71	0.04	8.12	0.24	14.31	23.85
2-764	自动光圈变焦倍镜头的安装	台	1	25.97	0.00	1.65	0.08	2.13	0.06	4.67	7.79	25.97	0.00	1.65	0.08	2.13	0.06	4.67	7.79
2-817	电动云台(6kg)的安装	台	1	84.27	0.00	3.11	0.16	0.00	0.00	15.17	25.28	84.27	0.00	3.11	0.16	0.00	0.00	15.17	25.28
2-821	悬挂式摄像机支架的安装	台	1	79.50	0.00	7.80	0.39	0.00	0.00	14.31	23.85	79.50	0.00	7.80	0.39	0.00	0.00	14.31	23.85
2-823	室内密封防护型机罩的安装	台	1	32.33	0.00	2.49	0.12	0.00	0.00	5.82	9.70	32.33	0.00	2.49	0.12	0.00	0.00	5.82	9.70
人工单价	53元/工日					小	计					301.57	0.00	15.76	0.79	10.25	0.31	54.28	90.47
						未计价材料费						—							

续表

清单项目综合单价

主要材料名称、规格、型号	单位	数量	单价(元)	合价(元)	暂估单价(元)	暂估合价(元)
其他材料费			—			
材料费小计			—	473.43		

材料费明细

表 2-7

工程量清单综合单价分析表

工程名称：某小型工商银行的电视监控系统设备安装工程　　　　标段：　　　　第　页　共　页　　1

| 项目编码 | 030507008003 | 项目名称 | 电视监控摄像设备 | 计量单位 | 台 | 工程量 | |

清单综合单价组成明细

定额编码	定额名称	定额单位	数量	单价(元)								合价(元)							
				人工费	人工费差价	材料费	材料风险费	机械费	机械风险费	企业管理费	利润	人工费	人工费差价	材料费	材料风险费	机械费	机械风险费	企业管理费	利润
2—754	带定焦自动光圈镜头的彩色摄像机的安装	台	1	68.90	0.00	0.76	0.04	4.71	0.14	12.40	20.67	68.90	0.00	0.76	0.04	4.71	0.14	12.40	20.67
2—763	自动光圈定焦倍镜头的安装	台	1	10.60	0.00	1.50	0.08	1.04	0.03	1.91	3.18	10.60	0.00	1.50	0.08	1.04	0.03	1.91	3.18
2—817	电动云台(6kg)的安装	台	1	84.27	0.00	3.11	0.16	0.00	0.00	15.17	25.28	84.27	0.00	3.11	0.16	0.00	0.00	15.17	25.28
2—821	悬挂式摄像机支架的安装	台	1	79.50	0.00	7.80	0.39	0.00	0.00	14.31	23.85	79.50	0.00	7.80	0.39	0.00	0.00	14.31	23.85
2—823	室内密封防护型机罩的安装	台	1	32.33	0.00	2.49	0.12	0.00	0.00	5.82	9.70	32.33	0.00	2.49	0.12	0.00	0.00	5.82	9.70

续表

清单项目综合单价	人工费	材料费	机械费	企业管理费	利润	小计
	275.60	0.00	15.66	0.78	5.75	0.17	49.61	82.68

人工单价　53元/工日　　　小计

未计价材料费

材料费明细	主要材料名称、规格、型号	单位	数量	单价(元)	合价(元)	暂估单价(元)	暂估合价(元)
				—	—	—	—
	其他材料费			—	430.25	—	—
	材料费小计			—		—	

工程量清单综合单价分析表

表 2-8

工程名称：某小型工商银行的电视监控系统设备安装工程　　标段：　　第　页　共　页

项目编码	03050700900	项目名称	视频控制设备	计量单位	台	工程量	1

清单综合单价组成明细

定额编码	定额名称	定额单位	数量	单价(元)								合价(元)							
				人工费	人工费差价	材料费	材料风险费	机械费	机械风险费	企业管理费	利润	人工费	人工费差价	材料费	材料风险费	机械费	机械风险费	企业管理费	利润
2—768	云台控制器的安装	台	1	42.40	0.00	1.78	0.09	7.07	0.21	7.63	12.72	42.40	0.00	1.78	0.09	7.07	0.21	7.63	12.72
	人工单价			小计								42.40		1.78	0.09	7.07	0.21	7.63	12.72
	53元/工日			未计价材料费								—							
	清单项目综合单价											71.90							

材料费明细	主要材料名称、规格、型号	单位	数量	单价(元)	合价(元)	暂估单价(元)	暂估合价(元)
	其他材料费			—		—	
	材料费小计			—		—	

63

工程量清单综合单价分析表

表 2-9 第 页 共 页

工程名称：某小型工商银行的电视监控系统设备安装工程

项目编码	030507009002	项目名称	视频控制设备	计量单位	台	工程量	1

清单综合单价组成明细

定额编码	定额名称	定额单位	数量	单价(元)								合价(元)							
				人工费	人工费差价	材料费	材料风险费	机械费	机械风险费	企业管理费	利润	人工费	人工费差价	材料费	材料风险费	机械费	机械风险费	企业管理费	利润
2—770	微机矩阵切换设备(8路以内)的安装	台	1	70.49	0.00	1.50	0.08	10.85	0.33	12.69	21.15	70.49	0.00	1.50	0.08	10.85	0.33	12.69	21.15
人工单价	小 计			70.49		1.50	0.08	10.85	0.33	12.69	21.15								
53元/工日	未计价材料费			—															
清单项目综合单价											117.08								

材料费明细	主要材料名称、规格、型号	单位	数量	单价(元)	合价(元)	暂估单价(元)	暂估合价(元)
				—	—	—	—
	其他材料费			—	—		—
	材料费小计			—	—		—

工程量清单综合单价分析表

表 2-10 第 页 共 页

工程名称：某小型工商银行的电视监控系统设备安装工程

项目编码	030507010001	项目名称	视频分配器	计量单位	台	工程量	1

清单综合单价组成明细

定额编码	定额名称	定额单位	数量	单价(元)								合价(元)							
				人工费	人工费差价	材料费	材料风险费	机械费	机械风险费	企业管理费	利润	人工费	人工费差价	材料费	材料风险费	机械费	机械风险费	企业管理费	利润
2—780	视频分配器的安装	台	1	53.00	0.00	0.29	0.01	4.19	0.13	9.54	15.90	53.00	0.00	0.29	0.01	4.19	0.13	9.54	15.90

续表

人工单价		小计				53.00	0.00	0.29	0.01	4.19	0.13	9.54	15.90
53元/工日		未计价材料费											
		清单项目综合单价								83.06			

材料费明细	主要材料名称、规格、型号	单位	数量	单价(元)	合价(元)	暂估单价(元)	暂估合价(元)
	其他材料费			—		—	
	材料费小计			—		—	

工程量清单综合单价分析表

表2-11

工程名称：某小型工商银行的电视监控系统设备安装工程　　标段：视频补偿器　　　　　第　页　共 1 页

项目编码	03050701001	项目名称	单通道的视频补偿器的安装			计量单位	台	工程量	1

清单综合单价组成明细

定额编码	定额名称	定额单位	数量	单价(元)						合价(元)						
				人工费	人工费差价	材料费	机械费	机械风险费	企业管理费	利润	人工费	人工费差价	材料费	材料风险费	机械费	机械风险费	企业管理费	利润
2-783	单通道的视频补偿器的安装	台	1	21.73	0.00	1.78	0.59	0.02	3.91	6.52	21.73	0.00	1.78	0.09	0.59	0.02	3.91	6.52
	人工单价				小计								—					
	53元/工日				未计价材料费								—					
					清单项目综合单价									34.64				

材料费明细	主要材料名称、规格、型号	单位	数量	单价(元)	合价(元)	暂估单价(元)	暂估合价(元)
	其他材料费			—		—	
	材料费小计			—		—	

工程量清单综合单价分析表

表 2-12
第 页 共 页 1

工程名称：某小型工商银行的电视监控系统设备安装工程　　标段：

| 项目编码 | 030507013001 | 项目名称 | 录像设备 | 计量单位 | 台 | 工程量 | 1 |

清单综合单价组成明细

定额编码	定额名称	定额单位	数量	单价（元）							合价（元）							
				人工费	人工费差价	材料费	机械费	机械风险费	企业管理费	利润	人工费	人工费差价	材料费	材料风险费	机械费	机械风险费	企业管理费	利润
2-793	磁带录像机的安装	台	1	29.15	0.00	0.00	1.85	0.06	5.25	8.75	29.15	0.00	0.00	0.00	1.85	0.06	5.25	8.75
人工单价		小计									29.15	0.00	0.00	0.00	1.85	0.06	5.25	8.75
53元/工日		未计价材料费									—
清单项目综合单价											45.05

材料费明细	主要材料名称、规格、型号	单位	数量	单价（元）	合价（元）	暂估单价（元）	暂估合价（元）
				—	—	—	—
	其他材料费				—		—
	材料费小计				—		—

工程量清单综合单价分析表

表 2-13
第 页 共 页 1

工程名称：某小型工商银行的电视监控系统设备安装工程　　标段：

| 项目编码 | 030507013002 | 项目名称 | 录像设备 | 计量单位 | 台 | 工程量 | 1 |

清单综合单价组成明细

定额编码	定额名称	定额单位	数量	单价（元）							合价（元）							
				人工费	人工费差价	材料费	机械费	机械风险费	企业管理费	利润	人工费	人工费差价	材料费	材料风险费	机械费	机械风险费	企业管理费	利润
2-797	视频打印机的安装	台	1	48.23	0.00	0.00	0.00	0.00	8.68	14.47	48.23	0.00	0.00	0.00	0.00	0.00	8.68	14.47

续表

人工单价	小 计	48.23	0.00	0.00	0.00	0.00	8.68	14.47
53元/工日	未计价材料费				71.38			

清单项目综合单价

材料费明细	主要材料名称、规格、型号	单位	数量	单价（元）	合价（元）	暂估单价（元）	暂估合价（元）
				—		—	—
	其他材料费			—		—	—
	材料费小计			—		—	—

工程量清单综合单价分析表

表2-14

第 页 共 页

工程名称：某小型工商银行的电视监控系统设备安装工程 标段：

项目编码	030507014001	项目名称	CRT显示终端	计量单位	台	工程量	1

清单综合单价组成明细：

定额编码	定额名称	定额单位	数量	单价（元）								合价（元）							
				人工费	人工费差价	材料费	材料风险费	机械费	机械风险费	企业管理费	利润	人工费	人工费差价	材料费	材料风险费	机械费	机械风险费	企业管理费	利润
2-803	CRT显示终端（彩色不带键）的安装	台	1	317.36	0.00	8.61	0.43	0.00	0.00	57.12	95.21	317.36	0.00	8.61	0.43	0.00	0.00	57.12	95.21
人工单价	小 计			317.36	0.00	8.61	0.43	0.00	0.00	57.12	95.21								
53元/工日	未计价材料费							478.73											

清单项目综合单价

材料费明细	主要材料名称、规格、型号	单位	数量	单价（元）	合价（元）	暂估单价（元）	暂估合价（元）
				—		—	—
	其他材料费			—		—	—
	材料费小计			—		—	—

工程名称：某小型工商银行的电视监控系统设备安装工程

工程量清单综合单价分析表

表 2-15

项目编码	030507014002	项目名称	CRT 显示终端	计量单位	台	工程量	1

标段：

第 页 共 页 1

清单综合单价组成明细

定额编码	定额名称	定额单位	数量	单价（元）							合价（元）						
				人工费	人工费差价	材料费	材料风险费	机械费	机械风险费	企业管理费	利润	人工费	人工费差价	材料费	材料风险费	机械费	机械风险费	企业管理费	利润
2-804	CRT显示终端（彩色带键）的安装	台	1	490.25	0.00	8.61	0.43	0.00	0.00	88.25	147.08	490.25	0.00	8.61	0.43	0.00	0.00	88.25	147.08
人工单价			小　计									490.25	0.00	8.61	0.43	0.00	0.00	88.25	147.08
53元/工日			未计价材料费									—							
			清单项目综合单价									734.61							

材料费明细	主要材料名称、规格、型号	单位	数量	单价（元）	合价（元）	暂估单价（元）	暂估合价（元）
						—	—
						—	—
	其他材料费			—		—	
	材料费小计			—		—	

工程量清单综合单价分析表

表2-16

工程名称：某小型工商银行的电视监控系统设备安装工程　　标段：安全防范系统　　第　页　共　页

项目编码	030507018001	项目名称		计量单位	系统	工程量	1

清单综合单价组成明细

定额编码	定额名称	定额单位	数量	单价(元)								合价(元)							
				人工费	人工费差价	材料费	材料风险费	机械费	机械风险费	企业管理费	利润	人工费	人工费差价	材料费	材料风险费	机械费	机械风险费	企业管理费	利润
2-808	电视监控系统调试(4台摄像机)	系统	4	17.49	0.00	0.56	0.03	0.27	0.01	3.15	5.25	17.49	0.00	0.56	0.03	0.27	0.01	3.15	5.25
2-816	电视监控系统试运行	系统	1	1628.69	0.00	0.00	0.00	91.60	2.75	293.16	488.61	1628.69	0.00	0.00	0.00	91.60	2.75	293.16	488.61
人工单价				小计								1646.18	0.00	0.56	0.03	91.87	2.76	296.31	493.85
53元/工日				未计价材料费															
		清单项目综合单价										2531.56							

材料费明细	主要材料名称、规格、型号	单位	数量	单价(元)	合价(元)	暂估单价(元)	暂估合价(元)
	其他材料费			—		—	
	材料费小计			—		—	

三、投标报价

投 标 总 价

招 标 人： <u>某小型工商银行</u>

工程名称： <u>某小型工商银行的电视监控系统设备安装工程</u>

投标总价（小写）： <u>8900</u>

（大写）： <u>捌仟玖佰</u>

投 标 人： <u>某某建筑装饰公司单位公章</u>
（单位盖章）

法定代表人
或其授权人： <u>某某建筑装饰公司</u>
（签字或盖章）

编制人： <u>×××签字盖造价工程师或造价员专用章</u>
（造价人员签字盖专用章）

编制时间：××××年××月××日

总　说　明

工程名称：某小型工商银行的电视监控系统设备安装工程　　　　　　第　页　共　页

1. 工程概况

本工程为小型工商银行的电视监控系统设备安装工程，该工商银行位于市区中心繁华区域，要求安装 1 套电视监控系统对银行的柜台、门口、现金出纳台和金库进行监控和记录。具体设计概况如下：

用于监控门口人员出入情况的摄像机采用电动云台(6kg)且带红外光源彩色摄像机 1 台，用自动光圈变焦变倍镜头，采用壁式支架安装；

用于监控柜台以及现金出纳台的摄像机应分别采用电动云台(6kg)带预置球形的一体机各 1 台，用自动光圈变焦变倍镜头，均采用悬挂式支架安装；

用于监控金库的摄像机，采用电动云台(6kg)针孔镜头彩色摄像机一台，并安装定焦广角自动光圈镜头，采用悬挂式支架安装；

所有的摄像机罩均采用室内密封防护型，且所有的电动云台共用 1 台云台控制器；

4 台摄像机输出的视频信号先进入微机矩阵切换设备——四切二切换器，一路信号由单通道的视频补偿器经视频分配器分配给中心控制室的彩色不带键显示终端(1 台)和磁带录像机(1 台)；另一路信号经视频分配器传送给经理室的彩色带键显示终端(1 台)和视频打印机(1 台)。

2. 投标控制价包括范围

本次招标的小型工商银行施工图范围内的电视监控系统设备安装工程。

3. 投标控制价编制依据

(1)招标文件及其所提供的工程量清单和有关计价的要求，招标文件的补充通知和答疑纪要。

(2)该小型工商银行施工图及投标施工组织设计。

(3)有关的技术标准、规范和安全管理规定。

(4)省建设主管部门颁发的计价定额和计价管理办法及有关计价文件。

(5)材料价格采用工程所在地工程造价管理机构发布的价格信息，对于造价信息没有发布的材料，其价格参照市场价。

工程项目投标报价汇总表　　　　　　表 2-17

工程名称：某小型工商银行的电视监控系统设备安装工程　　　　　　第　页　共　页

序号	单项工程名称	金额(元)	其　中		
			暂估价(元)	安全文明施工费(元)	规费(元)
1	某小型工商银行的电视监控系统设备安装工程	8899.63		280.86	346.29
	合　计	8899.63	—	280.86	346.29

注：工程项目投标报价表内总价为单项工程投标报价的综合；暂估价包括分部分项工程中的暂估价和专业工程暂估价。

单项工程投标报价汇总表　　　　　　　　　　　表 2-18

工程名称：某小型工商银行的电视监控系统设备安装工程　　　　第　页　共　页

| 序号 | 单项工程名称 | 金额（元） | 其　中 | | |
			暂估价（元）	安全文明施工费（元）	规费（元）
1	某小型工商银行的电视监控系统设备安装工程	8899.63	—	280.86	346.29
	合　计	8899.63	—	280.86	346.29

注：单项工程投标报价表内总价为单位工程投标报价的综合。

注：暂估价包括分部分项工程中的暂估价和专业工程暂估价。

单位工程投标报价汇总表　　　　　　　　　表 2-19

工程名称：某小型工商银行的电视监控系统设备安装工程　　　　第　页　共　页

序号	汇总内容	金额（元）	其中：暂估价（元）
1	分部分项工程费	6097.89	—
1.1	某小型工商银行的电视监控系统设备安装工程	6097.89	—
2	措施费	153.78	—
2.1	定额措施费	按工程实际情况填写	—
2.2	通用措施费	153.78	—
3	其他费用	1727.26	—
3.1	暂列金额	914.68	—
3.2	专业工程暂估价	按工程实际情况填写	—
3.3	计日工	按工程实际情况填写	—
3.4	总承包服务费	812.58	—
4	安全文明施工费	280.86	—
4.1	环境保护费等五项费用	280.86	—
4.2	脚手架费	按工程实际情况填写	—
5	规费	346.29	—
6	税金	293.47	—
	合　计	8899.63	—

注：此处暂不列暂估价，暂估价见其他项目费表中数据。

分部分项工程量清单与计价表见表 2-4。

定额措施项目清单报价表　　　　　　　　　表 2-20

工程名称：某小型工商银行的电视监控系统设备安装工程　　标段：　　第　页　共　页

| 序号 | 项目编码 | 项目名称 | 项目特征描述 | 计量单位 | 工程量 | 金额（元） | | |
						综合单价	合价	其中：暂估价
1		特、大型机械设备进出场及安、拆费						
2		混凝土、钢筋混凝土模板及支架费						
3		垂直运输费						

续表

序号	项目编码	项目名称	项目特征描述	计量单位	工程量	综合单价	合价	其中：暂估价
						金额(元)		
4		施工排水、降水费						
5		建筑物(构筑物超高费)						
6		各专业工程的措施项目费						
		(其他略)						
		分部小计						
		本页小计						
		合　计						

注：此表适用于以综合单价形式计价的定额措施项目。

通用措施项目清单报价表　　　　　　　　　　表 2-21

工程名称：某小型工商银行的电视监控系统设备安装工程　　　标段：　　　第　页　共　页

序号	项目名称	计算基础	费率	金额(元)
1	夜间施工费		0.08%	3.20
2	二次搬运费		0.14%	5.61
3	已完工程及设备保护费		0.21%	8.41
4	工程定位、复测、点交、清理费	人工费	0.14%	5.61
5	生产工具用具使用费		0.14%	5.61
6	雨期施工费		0.11%	4.41
7	冬期施工费		1.02%	40.85
8	校验试验费		2.00%	80.09
9	室内空气污染测试费	按实际发生计算		—
10	地上、地下设施、建筑物的临时保护设施	按实际发生计算		—
11	赶工施工费	按实际发生计算		—
	合　计			153.78

注：表 2-21 中"按实际发生计算"未计入合计，在实际工程中要根据实际含量计算，并综合在相应费用中，下同。

其他项目清单报价表　　　　　　　　　　表 2-22

工程名称：某小型工商银行的电视监控系统设备安装工程　　　标段：　　　第　页　共　页

序号	项目名称	计量单位	金额(元)	备　注
1	暂列金额	项	914.68	明细详见表 2-21
2	暂估价	项	根据工程实际填写	—
2.1	材料暂估价	项	根据工程实际填写	明细详见表 2-22
2.2	专业工程暂估价	项	根据工程实际填写	明细详见表 2-23
3	计日工	项	根据工程实际填写	明细详见表 2-24
4	总承包服务费	项	812.58	明细详见表 2-25
	合　计		1727.26	—

暂列金额报价明细表　　　　　　　　　　　　表 2-23

工程名称：某小型工商银行的电视监控系统设备安装工程　　　　标段：　　　　第　页　共　页

序号	项目名称	计量单位	计算基础	费率	暂定金额(元)	备注
1	某小型工商银行的电视监控系统设备安装工程	项	分部分项工程费	10%～15%	914.68	取 15%
2						
3						
合　计					914.68	—

材料暂估单价明细表　　　　　　　　　　　　表 2-24

工程名称：某小型工商银行的电视监控系统设备安装工程　　　　标段：　　　　第　页　共　页

序号	材料名称、规格、型号	计量单位	单价(元)	备　注
合　计				—

注：材料暂估价表是由甲方给出并列在相应位置内的。

专业工程暂估价明细表　　　　　　　　　　　　表 2-25

工程名称：某小型工商银行的电视监控系统设备安装工程　　　　标段：　　　　第　页　共　页

序号	工程名称	计量单位	金额(元)	备　注
合　计				—

计日工报价明细表　　　　　　　　　　　　表 2-26

工程名称：某小型工商银行的电视监控系统设备安装工程　　　　标段：　　　　第　页　共　页

编号	项目名称	单位	暂定数量	综合单价(元)	合价(元)
一	人工				
1					
2					
3					
4					
人工小计					
二	材料				
1					
2					
材料小计					
三	施工机械				
1					
2					
施工机械小计					
总　计					

注：项目名称、数量按招标人提供的填写，单价由投标人自主报价，计入投标报价。

总承包服务费报价明细表　　　　　　　　　　表 2-27

工程名称：某小型工商银行的电视监控系统设备安装工程　　　　标段：　　第　页　共　页

序号	项目名称	项目价值(元)	计算基础	服务内容	费率	金额(元)
1	发包人采购设备	50000	供应材料费用	根据工程实际填写	1%	500
2	总承包对专业工程进行管理和协调并提供配合服务	183331.45	分部分项工程费＋措施费	根据工程实际填写	3%～5%	312.58
合　计						812.58

注：表 2-27 中 50000 元为假定数据，具体工程应填写具体的设备费。

注：投标人按招标人提供的服务项目内容，自行确定费用标准计入投标报价中。

补充工程量清单及计算规则表　　　　　　　　表 2-28

工程名称：某小型工商银行的电视监控系统设备安装工程　　　　标段：　　第　页　共　页

序号	项目编码	项目名称	项目特征	计量单位	工程量计算规则	工程内容

注：此表由招标人根据工程实际填写需要补充的清单项目及相关内容。

安全文明施工项目报价表　　　　　　　　　　表 2-29

工程名称：某小型工商银行的电视监控系统设备安装工程　　　　标段：　　第　页　共　页

序号	项目名称		计算基础	费率	金额(元)
1	环境保护等五项费用	环境保护费	分部分项费＋措施费＋其他费用	0.25%	19.95
		文明施工费		0.19%	15.16
		安全施工费		1.22%	97.34
		临时设施费		0.10%	7.98
		防护用品等费用		1.76%	140.43
		合计			
2	脚手架费		按计价定额项目计算	—	
合　计					280.86

注：投标人按招标人提供的安全文明施工费计入投标报价中。

规费、税金项目报价表　　　　　　　　　　表 2-30

工程名称：某小型工商银行的电视监控系统设备安装工程　　　　标段：　　第　页　共　页

序号	项目名称	计算基础	费率	金额(元)
1	规费	分部分项费＋措施费＋其他费用	4.34%	346.29
(1)	养老保险费		2.86%	228.20
(2)	医疗保险费		0.45%	35.91
(3)	失业保险费		0.15%	11.97
(4)	工伤保险费		0.17%	13.56

续表

序号	项目名称	计算基础	费率	金额(元)
(5)	生育保险费		0.09%	7.18
(6)	住房公积金	分部分项费＋措施费＋其他费用	0.48%	38.30
(7)	危险作业意外伤害保险		0.09%	7.18
(8)	工程定额测定费		0.05%	3.99
2	税金	不含税工程费	3.41%	293.47
	合　计			639.76

注：投标人按招标人提供的规费计入投标报价中。

定额措施项目清单综合单价分析表　　　　　　　　表 2-31

工程名称：某小型工商银行的电视监控系统设备安装工程　　标段：　　　　第　页　共　页

项目编码		项目名称							计量单位					
清单综合单价组成明细														
定额编码	定额名称	定额单位	数量	单价(元)						合价(元)				
				人工费	材料费差价	材料费	材料风险费	机械费	机械风险费	企业管理费	利润	人工费	人工费差价	材料费	材料风险费	机械费	机械风险费	企业管理费	利润
人工单价				小　计										
元/工日				未计价材料费						—				
清单项目综合单价										—				
材料费明细	主要材料名称、规格、型号					单位	数量	单价(元)	合价(元)	暂估单价(元)	暂估合价(元)			
	其他材料费							—		—				
	材料费小计							—		—				

注：1. 表 2-31 适用于以综合单价形式计价的专业措施项目。

2. 招标文件提供了暂估单价的材料，按暂估的单价填入表内"暂估单价"栏及"暂估合价"栏。

3. 此分部分项工程量清单综合单价分析表为招标控制价电子版备查表。

精讲实例 3
某文教建筑采暖工程设计

3.1 简要工程概况

该工程为某大学一号教学楼采暖设计，该教学楼共六层，每层层高为 3m。此设计采用机械循环热水供暖系统中的单管上供中回顺流同程式系统，可以减轻水平失调现象。此系统中供回水采用低温热水，即供回水温度分别为 95℃和 70℃热水，由室外城市热力管网供热。管道采用焊接钢管，管径不大于 32mm 的焊接钢管采用螺纹连接，管径大于 32mm 的焊接钢管采用焊接。其中，顶层所走的水平供水干管和底层所走的水平回水干管，以及供回水总立管和与城市热力管网相连的供回水管均需作保温处理，需手工除轻锈后，再刷红丹防锈漆两遍，采用 50mm 厚的泡沫玻璃瓦块管道保温，外裹麻袋布保护层；其他立管和房间内与散热器连接的管均需手工除轻锈后，刷红丹防锈漆一遍，银粉漆两遍。根据《暖通空调规范实施手册》，采暖管道穿过楼板和隔墙时，宜装设套管，故此设计中的穿楼板和隔墙的管道设镀锌薄钢板套管，套管尺寸比管道大一到两号，管道设支架，支架刷红丹防锈漆两遍，耐酸漆两遍。

散热器采用铸铁 M132 型，落地式安装，散热器表面刷防锈底漆一遍，银粉漆两遍。每组散热器设手动排气阀一个，每根供水立管的始末两端各设截止阀一个，根据《暖通空调规范实施手册》，热水采暖系统，应在热力入口和出口处的供回水总管上设置温度计、压力表。

系统安装完毕应进行水压试验，系统水压试验压力是工作压力的 1.5 倍，10min 内压力降不大于 0.02MPa，且系统不渗水为合格。系统试压合格后，投入使用前进行冲洗，冲洗至排出水不含泥砂、铁屑等杂物且水色不浑浊为合格，冲洗前应将温度计、调节阀及平衡阀等拆除，待冲洗合格后再装上。

3.2 工程图纸识读

对于多层建筑采暖系统进行读图时，首先要明确系统形式，在系统图上找到相应的供回水立管，明确散热器的连接方式，与平面图结合，找到各组散热器的供回水管、热力入口等，使整个系统在自己的脑海中有个立体的模型。

1. 采暖工程图构成

采暖工程施工图主要有平面图、轴测图、详图等组成。

1）采暖平面图

平面图主要表示管道、附件及散热器在建筑物平面上的位置以及它们之间的相互关系，平面图是采暖施工的主要图纸，采暖工程平面图的读图要点如下：

（1）了解供热总管和回水总管的进出口位置、供热水平干管与回水水平干管的分布位置及走向。

（2）了解散热器的平面位置、种类、片数及其安装方式。

（3）了解立管的编号、平面位置及其数量。

（4）了解管径的直径、坡度、坡向，供热管的管径规律是入口的管径大，末端的管径小；回水管的管径规律是起点的管径小，出口的管径大。

（5）了解管道系统上采暖设备附件的种类、规格、位置等。

2）系统轴测图

采暖系统轴测图主要表示从热媒入口至出口的管道、散热器、主要设备、附件的空间位置和相互关系。系统轴测图是以平面图为主视图，进行斜投影绘制的斜等测图。

轴测图的读图要点如下：

（1）了解供热总管和回水总管的管径、坡度、坡向、标高等；

（2）结合平面图，了解立管的管径、立管的布置情况、散热器的类型及片数；

（3）了解热力入口，各种设备、附件、阀门、仪表的位置；

（4）了解供水立管、回水立管的位置。

3）详图

采暖施工图的详图主要包括标准图和节点图两类。标准图主要反映了供热管、回水管与散热器之间的具体连接形式、详细尺寸和安装要求等；节点详图主要是在平面图、轴测图无法表达清楚，及标准图中没有时采用。

2. 某大学一号教学楼的采暖工程图

某大学一号教学楼采暖工程图见图 3-1～图 3-4。

3. 识图举例

1）平面图识图举例

以图 3-1 一层采暖平面图为例，可以了解以下内容：

（1）在图 3-1 中可以知道，回水干管是用虚线表示的，位于底层。

（2）①②轴之间、②③轴之间、③④轴之间、④⑤轴之间等有 2 组散热器；⑦⑧轴之间有 3 组散热器；建筑物入口处的ⓒⒷ轴之间、阶梯大教室处的ⓒⒷ轴之间都有 1 组散热器；散热器均采用明装的方式。

（3）通过立管的编号，可以知道共有 12 根立管；①②轴之间是⑪立管；②③轴之间是⑫立管；③④轴之间办公室是⑬立管，楼梯间是⑭立管；④⑤轴之间是⑮立管；

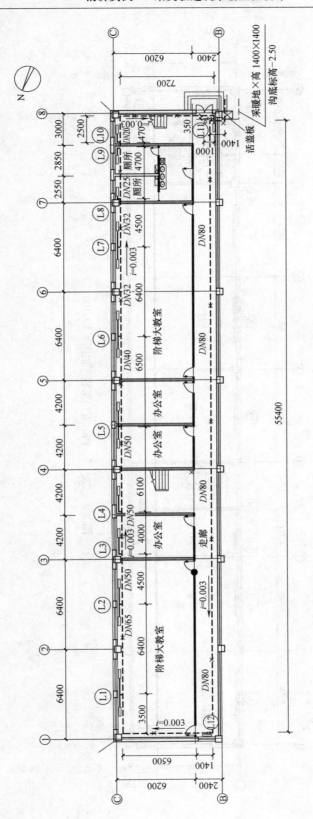

图 3-1　一层采暖平面图　1∶150

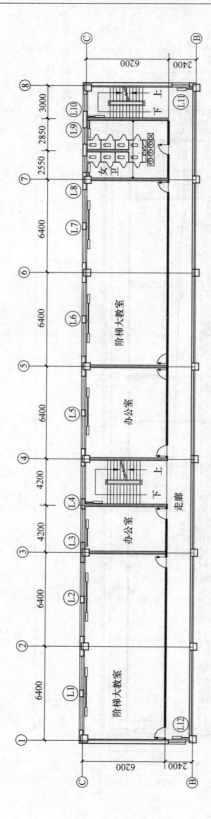

图 3-2 二、三、四、五层采暖平面图 1∶100

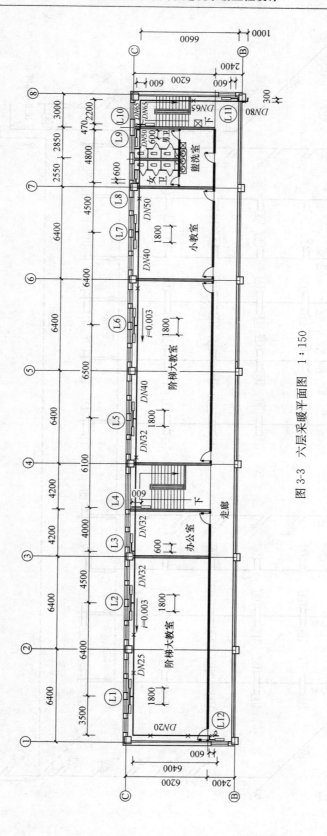

图 3-3 六层采暖平面图 1:150

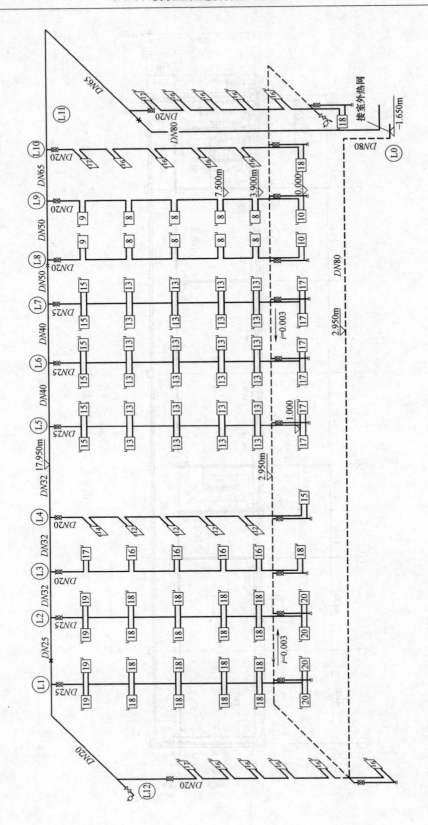

图 3-4 采暖系统图 1:100

⑤⑥轴之间是⑯立管；⑥⑦轴之间是⑰立管；⑦⑧轴之间依次是⑱⑲⑩立管；建筑物入口处的Ⓒ Ⓑ轴之间是⑪立管；阶梯大教室处的Ⓒ Ⓑ轴之间是⑫立管。

（4）回水管的坡度为 0.003，流向沿着Ⓑ轴向北，流经①轴向东，沿着Ⓒ轴向南，最后经⑧轴向西流入回水总管。Ⓑ轴的管径为 80mm；①轴的管径为 65mm；Ⓒ轴上的管径由北向南依次为 65、50、40、32、25、20mm；⑧轴上的管径为 20mm。

（5）在图 3-1 中可以知道，采暖设备附件有截止阀、自动排气阀、旋塞、固定支架、活盖板等。

2）系统图识图举例

以图 3-4 采暖系统图为例，可以了解以下内容：

（1）从图 3-4 中可以知道，室外热网的标高为－1.650m；回水干管的标高为＋2.950m，坡度为 0.003；供水干管在楼顶，从热水外网到⑫立管，管径依次为 80、65、50、40、32、25、20mm，标高为＋17.950m。

（2）⑬、⑭、⑱、⑲、⑩、⑪、⑫立管带一组散热器；⑪、⑫、⑮、⑯、⑰立管带两组散热器；散热器都是柱形，片数有 8、10、12、13、14、15、16、17、18、19、20 片。

（3）在图 3-4 中还可以知道，该采暖系统设备附件有固定支架、$DN25$ 和 $DN20$ 的阀门、自动排气阀等。

3.3 工程量计算规则

1. 清单工程量计算规则

某大学一号教学楼采暖所涉及的工程量清单编码及工程量计算规则见表 3-1。

清单工程量计算规则 表 3-1

项目编码	项目特征	计 算 规 则
031005001	铸铁散热器	按设计图示数量计算
031003001	螺纹阀门	按设计图示数量计算
030601001	温度仪表	按设计图示数量计算
030601002	压力仪表	按设计图示数量计算
030601004	流量仪表	按设计图示数量计算
031001002	钢管	按设计图示管道中心线以长度计算
031002001	管道支架	1. 以 kg 计量,按设计图示质量计算 2. 以套计量,按设计图示数量计算

2. 定额工程量计算规则

某大学一号教学楼采暖所涉及的设备的定额工程量计算规则如下：

（1）各种阀门安装均以"个"为计量单位。

（2）长翼、柱形铸铁散热器组成安装以"片"为计量单位；圆翼形铸铁散热器组成安装以"节"为计量单位。

（3）管道的刷油工程按表面积以"m²"为计量单位，可按管道的长度乘以管道的每米长管道表面积计算刷油的工程量。

（4）绝热工程中绝热层以"m³"为计量单位，防潮层、保护层以"m²"为计量单位，则设备筒体或管道绝热、防潮层和保护层计算公式：

矩形：$V=2\times[(A+1.033\delta)+(B+1.033\delta)]\times1.033\delta\times L$

$S=2\times[(A+2.1\delta+0.0082)+(B+2.1\delta+0.0082)]\times L$

圆形：$V=\pi\times(D+1.033\delta)\times1.033\delta\times L$

$S=\pi\times(D+2.1\delta+0.0082)\times L$

式中　A、B——矩形设备筒体或管道的尺寸；

D——圆形设备筒体或管道的直径；

1.033、2.1——调整系数；

δ——绝热层厚度；

L——设备筒体或管道长；

0.0082m——捆扎线直径或钢带厚。

（5）刷油工程和防腐蚀工程中的设备、管道以"m²"为计量单位，一般金属结构和管廊钢结构以"kg"为计量单位；H型钢制结构（包括管径在400mm以上的型钢）以"10m²"为计量单位；则刷油、防锈工程的计算公式：

矩形：$S=2\times(A+B)\times L$

圆形：$S=\pi\times D\times L$

注：设备筒体、管道的表面积已包括管件、阀门、管口凹凸部分等。

3.4　工程算量讲解部分

【解】　一、清单工程量计算

1. 设备

1）散热器安装

如图 3-2、图 3-4 所示，一层铸铁 M132 型散热器片数：（20×2×2+18×4+10×2+17×3×2+15）片＝289 片。

【注释】　20——表示每组散热器的片数；

2（第一个）——表示立管数，即立管⑪和⑫；

2（第二个）——表示一根立管带两组散热器；

18——表示每组散热器的片数；

4——表示立管数，即立管⑬和⑩、⑪、⑫；

10——表示每组散热器的片数；

  2——表示立管数，即立管⑱和⑲；

  17——表示每组散热器的片数；

  3——表示立管数，即立管⑮和⑯、⑰；

  2——表示一根立管带两组散热器；

  15——表示立管⑭所带的散热器的片数。

二、三、四、五层散热器片数：$(18×2×2+16×4+8×2+13×3×2+12)$片＝242片

【注释】 18——表示每组散热器的片数；

2（第一个）——表示立管数，即立管⑪和⑫；

2（第二个）——表示一根立管带两组散热器；

  16——表示每组散热器的片数；

  4——表示立管数，即立管⑬和⑩、⑪、⑫；

  8——表示每组散热器的片数；

  2——表示立管数，即立管⑱和⑲；

  13——表示每组散热器的片数；

  3——表示立管数，即立管⑮和⑯、⑰；

  2——表示一根立管带两组散热器；

  12——表示立管⑭所带的散热器的片数。

六层散热器片数：$(19×2×2+17×4+9×2+15×3×2+14)$片＝266片

【注释】 19——表示每组散热器的片数；

2（第一个）——表示立管数，即立管⑪和⑫；

2（第二个）——表示一根立管带两组散热器；

  17——表示每组散热器的片数；

  4——表示立管数，即立管⑬和⑩、⑪、⑫；

  9——表示每组散热器的片数；

  2——表示立管数，即立管⑱和⑲；

  15——表示每组散热器的片数；

  3——表示立管数，即立管⑮和⑯、⑰；

  2——表示一根立管带两组散热器；

  14——表示立管⑭所带的散热器的片数。

由以上计算可知该采暖工程所需散热器片数共计：

266片(顶层)＋242片×4(中间层)＋289片(底层)＝1523片

2）阀门

(1) DN10手动放风阀门：每组散热器设手动放风阀一个，共计102个。

$(7×6×1+5×6×2)$个＝102个

【注释】 7——表示立管数，即立管⑬、⑭、⑱、⑲、⑩、⑪、⑫；

6（第一个）——表示层数，每根立管在每层都带散热器；

5——表示立管数，即立管⑪、⑫、⑮、⑯、⑰；

1——表示此根立管在每一层只带一组散热器；

2——表示此根立管在每一层带两组散热器。

(2) DN20 截止阀：每根供水立管的始末端各设一个，共计 14 个。

7×2 个＝14 个

【注释】 7——表示立管数，即立管⑬、⑭、⑱、⑲、⑩、⑪、⑫；

2——表示每根立管始末端各设一个，共计 2 个。

(3) DN25 截止阀：每根供水立管的始末端各设一个，共计 10 个。

5×2 个＝10 个

【注释】 5——表示立管数，即立管⑪、⑫、⑮、⑯、⑰；

2——表示每根立管始末端各设一个，共计 2 个。

(4) DN80 截止阀：供回水总管（既热水引入管）各设一个截止阀，共计 2 个。

(5) DN20 泄水阀：每根回水立管截止阀前各设泄水阀一个，共计 7 个。

【注释】 7——表示立管数，即立管⑬、⑭、⑱、⑲、⑩、⑪、⑫，每根立管的末端设一个泄水阀。

(6) DN25 泄水阀：每根回水立管截止阀前各设泄水阀一个，共计 5 个。

【注释】 5——表示立管数，即立管⑪、⑫、⑮、⑯、⑰，每根立管的末端设一个泄水阀。

(7) 自动排气阀（DN20）：供回水干管最高处各设一个，共计 2 个。

(8) 闸阀（DN20）：自动排气阀前各设闸阀一个，共计 2 个。

(9) 温度仪表：热水引入和引出管的供回水干管上各设温度仪表一个，共计 2 个。

(10) 压力仪表：热水引入和引出管的供回水干管上各设压力仪表一个，共计 2 个。

(11) 流量仪表：此教学楼仅需要一个流量仪表。

2. 管道

1）室外管道

根据《暖通空调规范实施手册》可知，采暖热源管道室内外以入口阀门为界，室外热力管井至外墙面距离为 5m，入口阀门距外墙面距离为 1.2m，故室外焊接钢管 DN80 的管长为：(5－1.2)×2m＝7.60m。

【注释】 2——表示立管数，一根供水立管，一根回水立管。

2）室内管道

(1) 焊接钢管（DN80）（室内）：

① 供水焊接钢管（DN80）：{1.00＋0.30＋[17.95－(－1.65)]}m＝20.90m

② 回水焊接钢管（DN80）：{55.4＋1.40＋1.40＋[2.95－(－1.65)]}m＝62.80m

③ 共计：(20.90＋62.80)m＝83.70m

【注释】 ①中的

(1.00+0.30)m——表示第六层供水干管的水平长度，即立管⑪至立管⑩的总长度；

②中的

(55.4+1.40+1.40)m——表示第一层回水干管的水平长度，即立管⑫至立管⑩的总长度；

①中的 17.95m——表示供水干管标高；

①中的—1.65m——表示地沟内水平干管的标高；

②中的 2.95m——表示回水干管标高。

（2）焊接钢管（DN65）：

① 供水焊接钢管（DN65）：(6.60+2.20+0.47)m=9.27m

② 回水焊接钢管（DN65）：(6.50+3.50+6.40)m=16.40m

③ 共计：(9.27+16.40)m=25.67m

【注释】 ①中的

(6.60+2.20)m——表示立管⑩到立管⑪的供水干管的距离；

①中的 0.47m——表示立管⑲到立管⑩的供水干管的距离；

②中的

(6.50+3.50)m——表示立管⑭到立管⑫的回水干管的距离；

②中的 6.40m——表示立管⑭到立管⑫的回水干管的距离。

（3）焊接钢管（DN50）：

① 供水焊接钢管（DN50）：(4.8+4.5)m=9.30m

② 回水焊接钢管（DN50）：(4.00+6.10)m=10.10m

③ 共计：(9.30+10.10)m=19.40m

【注释】 ①中的

4.8m——表示供水立管⑱至供水立管⑲之间供水干管的长度；

①中的 4.5m ——表示供水立管⑰至供水立管⑱之间供水干管的长度；

②中的 4.00m——表示回水立管⑬至回水立管⑭之间回水干管的长度；

②中的 6.10m——表示回水立管⑭至回水立管⑮之间回水干管的长度。

（4）焊接钢管（DN40）：

① 供水焊接钢管（DN40）：(6.40+6.50)m=12.90m

② 回水焊接钢管（DN40）：6.50m

③ 共计：(6.50+12.90)m=19.40m

【注释】 ①中的 6.40m——表示供水立管⑯至供水立管⑰之间供水干管的长度；

①中的 6.50m——表示供水立管⑮至供水立管⑯之间供水干管的长度；

②中的 6.50m——表示回水立管⑮至回水立管⑯之间回水干管的长度。

（5）焊接钢管（DN32）：

① 供水焊接钢管（DN32）：(6.10+4.00+4.50)m=14.60m

② 回水焊接钢管（DN32）：(6.40+4.50)m=10.90m

③ 共计：(14.60+10.90)m=25.50m

【注释】①中的 6.10m——表示供水立管⑭至供水立管⑮之间供水干管的长度；

①中的 4.00m——表示供水立管⑬至供水立管⑭之间供水干管的长度；

①中的 4.50m——表示供水立管⑫至供水立管⑬之间供水干管的长度；

②中的 6.40m——表示回水立管⑯至回水立管⑰之间回水干管的长度；

②中的 4.50m——表示回水立管⑰至回水立管⑱之间回水干管的长度。

(6) 焊接钢管（$DN25$）：

① 供水焊接钢管（$DN25$）：

$\{6.40+[(17.95-2.95-1.00\times5)+(2.95-1.00)+2.95]\times5\}m=80.90$m

② 回水焊接钢管（$DN25$）：(4.80+0.47)m=5.27m

③ 共计：(80.90+5.27)m=86.17m 其中不需要做保温和保护层的长度为：$[(17.95-2.95-1.00\times5)+(2.95-1.00)+2.95]\times5m=74.50$m，需要做的为：(6.40+4.80+0.47)m=11.67m

【注释】①中的

6.40m——表示供水立管⑪至供水立管⑫之间供水干管的长度；

①中的

(17.95-2.95-1.00×5)m——表示供水干管水平管到一层散热器的长度，其中17.95m表示供水干管标高，2.95m表示回水干管标高，1.00m表示散热器的高度，5表示六、五、四、三、二层散热器；

①中的

(2.95-1.00)m——表示回水干管到一层散热器的长度；

②中的 4.80m——表示回水立管⑱至回水立管⑲之间回水干管的长度；

②中的 0.47m——表示回水立管⑲至回水立管⑩之间回水干管的长度。

(7) 焊接钢管（$DN20$）：

① 供水焊接钢管（$DN20$）：

$\{3.50+6.40+[(17.95-2.95-1.00\times5)+(2.95-1.00)+2.95]\times7\}m=114.20$m

② 回水焊接钢管（$DN20$）：(2.50+7.20+1.00+0.35)m=11.05m

③ 共计：(11.05+114.20)m=125.25m，其中不需要做保温和保护层的长度为：$[(17.95-2.95-1.00\times5)+(2.95-1.00)+2.95]\times7m=104.30$m，需要做的为：(3.50+6.40+2.50+7.20+1.00+0.35)m=20.95m

【注释】①中的

(3.50+6.40)m——表示供水立管⑪供水干管末端的长度；

①中的

(17.95-2.95-1.00×5)m——表示供水干管水平管到一层散热器的长度，其中17.95m表示供水干管标高，2.95m表示回水干管标高，1.00m表示散热器的高度，5表示六、五、

四、三、二层散热器；

①中的（2.95−1.00)m——表示回水干管到一层散热器的长度；

②中的（2.50+7.20)m——表示回水立管⑩至回水立管⑪之间供水干管的长度；

②中的（1.00+0.35)m——表示回水立管⑪至回水干管末端的长度。

（8）焊接钢管（DN15）：

① 供水镀锌钢管（DN15）：（1.80×5×6+0.60×7×6)m=79.20m

② 回水焊接钢管（DN15）：回水管长度与供水管的相等。

共计：158.40m

【注释】 镀锌钢管

DN15——表示与散热器相连接的供回水管，且供回水管的长度相等；

①中的1.80m——表示立管所带的散热器与立管相连接的长度；

①中的5——表示立管数，即立管⑪、⑫、⑮、⑯、⑰；

①中的6——表示每根立管在每一层都分别与散热器相连，共六层；

①中的0.60m——表示立管所带的散热器与立管相连接的长度；

①中的7——表示立管数，即立管⑬、⑭、⑱、⑲、⑩、⑪、⑫。

3. 管道支架制作安装

本设计中选用 A 型不保温双管支架，管道支架的安装应按表3-2进行。

管道支架的安装要求 表 3-2

管道公称直径(mm)		15	20	25	32	40	50	65	80	100
支架最大间距(m)	保温管	1.5	2.0	2.0	2.5	3.0	3.0	4.0	4.0	4.5
	不保温管	2.5	3.0	3.5	4.0	4.5	5.0	6.0	6.0	6.5

根据《建筑安装工程施工图集》知：层高小于等于5m时，每层需安装一个支架，位置距地面1.8m。当层高大于5m时，每层需安装2个，位置匀称安装。本工程层高均小于5m，综上可知，立管 DN20 需安装 7×6 个，即 42；立管 DN25 需安装 5×6 个，即 30 个，DN80 的支架共设 6 个。

对于水平干管：由图 3-1 和图 3-2 可知 DN20 的支架共设 4 个，综上可知，DN20 的支架共设 (42+4)个=46 个；DN25 的支架共设 3 个，综上可知，DN25 的支架共设 (30+3)个=33 个；DN32 的支架共设 5 个，DN40 的支架共设 3 个，DN50 的支架共设 3 个，DN65 的支架共设 2 个，DN80 的支架设 5 个，综上可知 DN80 的支架共 11 个。根据《安装工程预算常用定额项目对照图示》，管道支架的质量可参考表 3-3。

管道支架质量表（kg/个） 表 3-3

托架形式	管道种类	DN15	DN20	DN25	DN32	DN40	DN50	DN65	DN80
A 型	双管不保温	0.28	0.34	0.48	0.94	1.38	2.27	2.44	2.72
C 型	双管保温	0.35	0.39	0.53	0.99	1.43	2.22	2.39	2.65

$DN20$ 的支架 $0.34×46kg=15.64kg$

$DN25$ 的支架 $0.48×33kg=15.84kg$

$DN32$ 的支架 $0.94×5kg=4.70kg$

$DN40$ 的支架 $1.38×3kg=4.14kg$

$DN50$ 的支架 $2.27×3kg=6.81kg$

$DN65$ 的支架 $2.44×2kg=4.88kg$

$DN80$ 的支架 $2.72×11kg=29.92kg$

管道支架的总质量为：

$(15.64+15.84+4.70+4.14+6.81+4.88+29.92)kg=81.93kg$

【注释】 $7×6$ 个——6 表示每层各设一个，7 表示共 7 根立管，即立管⑬、⑭、
⑱、⑲、⑩、⑪、⑫；

$6×5$ 个——6 表示每层各设一个，5 表示共 5 根立管，即立管⑪、⑫、
⑮、⑯、⑰。

清单工程量计算表见表 3-4。

清单工程量计算表

表 3-4

序号	项目编码	项目名称	项目特征描述	计量单位	工程量
1	031005001001	铸铁散热器	M132 型 刷防锈底漆一遍，再刷银粉漆两遍	片	1523
2	031003001001	螺纹阀门	DN10 手动放风阀，铸铁	个	102
3	031003001002	螺纹阀门	DN20 截止阀，铸铁	个	14
4	031003001003	螺纹阀门	DN25 截止阀，铸铁	个	10
5	031003001004	螺纹阀门	DN80 截止阀，铸铁	个	2
6	031003001005	螺纹阀门	DN20 泄水阀，铸铁	个	7
7	031003001006	螺纹阀门	DN25 泄水阀，铸铁	个	5
8	031003001007	螺纹阀门	DN20 闸阀，铸铁	个	2
9	031003001008	自动排气阀	DN20 自动排气阀，铸铁	个	2
10	030601001001	温度仪表	温度计，双金属温度计	支	2
11	030601002001	压力仪表	压力表，就地式	台	2
12	030601004001	流量仪表	椭圆齿轮流量计，就地指示式	台	1
13	031001002001	焊接钢管	DN80 室外采暖热水管，焊接，手工除轻锈，刷红丹防锈漆两遍，再采用 50mm 的泡沫玻璃瓦块管道保温，外裹麻袋布保护层	m	7.60
14	031001002002	焊接钢管	DN80 室内采暖热水管，焊接，手工除轻锈，刷红丹防锈漆两遍，再采用 50mm 的泡沫玻璃瓦块管道保温，外裹麻袋布保护层	m	83.70
15	031001002003	焊接钢管	DN65 室内采暖热水管，焊接，手工除轻锈，刷红丹防锈漆两遍，再采用 50mm 的泡沫玻璃瓦块管道保温，外裹麻袋布保护层	m	25.67

续表

序号	项目编码	项目名称	项目特征描述	计量单位	工程量
16	031001002004	焊接钢管	DN50 室内采暖热水管，焊接，手工除轻锈，刷红丹防锈漆两遍，再采用 50mm 的泡沫玻璃瓦块管道保温，外裹麻袋布保护层	m	19.40
17	031001002005	焊接钢管	DN40 室内采暖热水管，焊接，手工除轻锈，刷红丹防锈漆两遍，再采用 50mm 的泡沫玻璃瓦块管道保温，外裹麻袋布保护层	m	19.40
18	031001002006	焊接钢管	DN32 室内采暖热水管，焊接，手工除轻锈，刷红丹防锈漆两遍，再采用 50mm 的泡沫玻璃瓦块管道保温，外裹麻袋布保护层	m	25.50
19	031001002007	焊接钢管	DN25 室内采暖热水管，螺纹连接，手工除轻锈，刷红丹防锈漆两遍，再采用 50mm 的泡沫玻璃瓦块管道保温，外裹麻袋布保护层	m	11.67
20	031001002008	焊接钢管	DN20 室内采暖热水管，螺纹连接，手工除轻锈，刷红丹防锈漆两遍，再采用 50mm 的泡沫玻璃瓦块管道保温，外裹麻袋布保护层	m	20.95
21	031001002009	焊接钢管	DN25 室内采暖热水管，螺纹连接，手工除轻锈，刷红丹防锈漆一遍，再刷银粉漆两遍	m	74.50
22	031001002010	焊接钢管	DN20 室内采暖热水管，螺纹连接，手工除轻锈，刷红丹防锈漆一遍，再刷银粉漆两遍	m	104.30
23	031001002011	焊接钢管	DN15 室内采暖热水管，螺纹连接，手工除轻锈，刷红丹防锈漆一遍，再刷银粉漆两遍	m	158.40
24	031002001001	管道支架	安装 A 型不保温双管支架，刷红丹防锈漆两遍，耐酸漆两遍	kg	81.93

二、定额工程量套用《全国统一安装工程预算定额》（2000 年）

1. 铸铁散热器（M132 型）

计量单位：10 片　安装数量：1523 片　工程量：1523 片/10 片＝152.3

套定额子目 8—490

2. 阀门

（1）DN10 手动排气阀　　　安装工程量：102 个　　　套定额子目：8—302

（2）DN20 截止阀　　　安装工程量：14 个　　　套定额子目：8—242

（3）DN25 截止阀　　　安装工程量：10 个　　　套定额子目：8—243

（4）DN80 截止阀　　　安装工程量：2 个　　　套定额子目：8—248

（5）DN20 泄水阀　　　安装工程量：7 个　　　套定额子目：8—242

（6）DN25 泄水阀　　　安装工程量：5 个　　　套定额子目：8—243

（7）DN20 闸阀　　　安装工程量：2 个　　　套定额子目：8—242

3. 自动排气阀（DN20）

计量单位：个　　安装数量：2　　套定额子目 8—300

4. 温度仪表（双金属温度计）

计量单位：个　　安装数量：2　　套定额子目 10—2

5. 压力仪表（就地压力表）

计量单位：个　　安装数量：2　　套定额子目 10—25

6. 流量仪表（就地指示式椭圆齿轮流量计）

计量单位：个　　安装数量：1　　套定额子目 10—39

7. 管道

管道工程量汇总见表 3-5。

管道工程量汇总

表 3-5

管道类型、型号	计量单位	计算式	工程量	套定额子目
室外 DN80 钢管（焊接）	10m	7.60m/10m	0.76	8—19
室内 DN80 钢管（焊接）	10m	83.70m/10m	8.37	8—105
室内 DN65 钢管（焊接）	10m	25.67m/10m	2.57	8—104
室内 DN50 钢管（焊接）	10m	19.40m/10m	1.94	8—103
室内 DN40 钢管（焊接）	10m	19.40m/10m	1.94	8—102
室内 DN32 钢管（焊接）	10m	25.50m/10m	2.55	8—101
室内 DN25 钢管（螺纹连接）	10m	11.67m/10m	1.17	8—100
室内 DN20 钢管（螺纹连接，做保温层和保护层）	10m	20.95m/10m	2.10	8—99
室内 DN25 钢管（螺纹连接，不做保温层和保护层）	10m	74.50m/10m	7.45	8—100
室内 DN20 钢管（螺纹连接，不做保温层和保护层）	10m	104.30m/10m	10.43	8—99
室内 DN15 钢管（螺纹连接）	10m	158.40m/10m	15.84	8—98

8. 管道手工除轻锈、刷防锈漆、刷银粉漆、保温层、保护层制作管道工程量同清单工程量

（1）DN15 焊接钢管（手工除轻锈，刷红丹防锈漆一遍，银粉漆两遍）

手工除轻锈：长度：158.40m，除锈工程量：$158.40 \times 0.067 \text{m}^2 = 10.61 \text{m}^2$

计量单位：10m^2　　工程量：1.06（10m^2）　　套定额子目 11—1

刷红丹防锈漆一遍：由手工除轻锈工程量可知，刷红丹防锈漆一遍的工程量为 10.61m^2

计量单位：10m^2　　工程量：1.06（10m^2）　　套定额子目 11—51

刷银粉漆第一遍：由手工除轻锈工程量可知，刷银粉漆第一遍的工程量为 10.61m^2

计量单位：10m^2　　工程量：1.06（10m^2）　　套定额子目 11—56

刷银粉漆第二遍：由手工除轻锈工程量可知，刷银粉漆第二遍的工程量为 10.61m^2

计量单位：10m² 工程量：1.06（10m²） 套定额子目 11—57

【注释】 158.40×0.067m²——表示 $DN15$ 焊接钢管 158.40m 长的表面积；

0.067m²/m——由《简明供热设计手册》表3-27每米长管道表面积和表1-2焊接钢管规格可查得，$DN15$ 的每米长管道表面积为 0.0665m²，在此估读一位为 0.067m²；

10.61m²——表示 $DN15$ 焊接钢管 158.40m 长的表面积；

1.06——表示以计量单位 10m² 计算时的工程量，10.61÷10＝1.06（10m²）。

（2）$DN20$ 焊接钢管（手工除轻锈，刷红丹防锈漆一遍，银粉漆两遍）

手工除轻锈：长度：104.30m，除锈工程量：104.30×0.084m²＝8.76m²

定额单位：10m² 工程量：0.88（10m²） 套定额子目 11—1

刷红丹防锈漆一遍：由手工除轻锈工程量可知，刷红丹防锈漆一遍的工程量为 8.76m²

定额单位：10m² 数量：0.88（10m²） 套定额子目 11—51

刷银粉漆第一遍：由手工除轻锈工程量可知，刷银粉漆第一遍的工程量为 8.76m²

定额单位：10m² 数量：0.88（10m²） 套定额子目 11—56

刷银粉漆第二遍：由手工除轻锈工程量可知，刷银粉漆第二遍的工程量为 8.76m²

定额单位：10m² 数量：0.88（10m²） 套定额子目 11—57

【注释】 104.30×0.084m²——表示 $DN20$ 焊接钢管 104.30m 长的表面积；

0.084m²/m——由《简明供热设计手册》表3-27每米长管道表面积和表1-2焊接钢管规格可查得，$DN20$ 的每米长管道表面积为 0.084m²；

8.76m²——表示 $DN20$ 焊接钢管 104.30m 长的表面积；

0.88——表示以计量单位 10m² 计算时的工程量，8.76÷10＝0.88（10m²）

（3）$DN25$ 焊接钢管（手工除轻锈，刷红丹防锈漆一遍，银粉漆两遍）

手工除轻锈：长度：74.50m，除锈工程量：74.50×0.105m²＝7.82m²

定额单位：10m² 工程量：0.78（10m²） 套定额子目 11—1

刷红丹防锈漆一遍：由手工除轻锈工程量可知，刷红丹防锈漆一遍的工程量为 7.82m²

定额单位：10m² 数量：0.78（10m²） 套定额子目 11—51

刷银粉漆第一遍：由手工除轻锈工程量可知，刷银粉漆第一遍的工程量为 7.82m²

定额单位：10m² 数量：0.78（10m²） 套定额子目 11—56

刷银粉漆第二遍：由手工除轻锈工程量可知，刷银粉漆第二遍的工程量为 7.82m²

定额单位：10m²　　　　数量：0.78（10m²）　　　　套定额子目 11—57

【注释】　74.50×0.105m²——表示 DN25 焊接钢管 74.50m 长的表面积；

　　　　　　0.105m²/m——由《简明供热设计手册》表 3-27 每米长管道表面积和表 1-2 焊接钢管规格可查得，DN25 的每米长管道表面积为 0.105m²；

　　　　　　7.82m²——表示 DN25 焊接钢管 74.50m 长的表面积；

　　　　　　0.78——表示以计量单位 10m² 计算时的工程量，7.82÷10＝0.78（10m²）

（4）DN20 焊接钢管（手工除轻锈，刷红丹防锈漆两遍，采用 50mm 厚的泡沫玻璃瓦块管道保温，外裹麻袋布保护层）

手工除轻锈：长度：20.95m，除锈工程量：20.95×0.084m²＝1.76m²

定额单位：10m²　　　　工程量：0.18（10m²）　　套定额子目 11—1

刷红丹防锈漆第一遍：由手工除轻锈工程量可知，刷红丹防锈漆第一遍的工程量为 1.76m²

定额单位：10m²　　　　数量：0.18（10m²）　　　　套定额子目 11—51

刷红丹防锈漆第二遍：由手工除轻锈工程量可知，刷红丹防锈漆第二遍的工程量为 1.76m²

定额单位：10m²　　　　数量：0.18（10m²）　　　　套定额子目 11—52

保温层：根据《全国统一安装工程预算工程量计算规则》可知，管道保温层工程量计算公式为：$V＝\pi×(D+1.033\delta)×1.033\delta×L$

式中　D——管道直径（m）；

　　　1.033——调整系数；

　　　δ——保温层厚度（m）；

　　　L——设备筒体或管道的长度（m），这里指管道的长度。

根据《简明供热设计手册》表 1-2 焊接钢管规格可查得，DN20 普通焊接钢管的直径为 26.8mm。

由上可知，DN20 焊接钢管的保温层工程量：

$V＝\pi×(D+1.033\delta)×1.033\delta×L$

$＝3.14×(0.0268+1.033×0.04)×1.033×0.04×20.95m^3$

$＝0.19m^3$

计量单位：m³　　工程量：0.19（m³）　套定额子目 11—1751

保护层：根据《全国统一安装工程预算工程量计算规则》可知，管道保护层工程量计算依据公式为：$S＝\pi×(D+2.1\delta+0.0082)×L$

式中　S——保护层的表面积（m²）；

　　　D——管道直径（m）；

2.1——调整系数；

　δ——保温层厚度（m）；

　L——设备筒体或管道的长度（m），这里指管道的长度；

0.0082——捆扎线直径或钢带厚（m）。

由上可知，DN20 焊接钢管的保护层工程量：

$$S = \pi \times (D + 2.1\delta + 0.0082) \times L$$
$$= 3.14 \times (0.0268 + 2.1 \times 0.04 + 0.0082) \times 20.95 \text{m}^2$$
$$= 7.83 \text{m}^2$$

计量单位：10m²　　工程量：0.78（10m²）　　套定额子目 11—2155

【注释】　　20.95×0.084m²——表示 DN20 焊接钢管 20.95m 长的表面积；

　　　　　0.084m²/m——由《简明供热设计手册》表 3-27 每米长管道表面积和表 1-2 焊接钢管规格可查得，DN20 的每米长管道表面积为 0.084m²；

　　　　　1.76m²——表示 DN20 焊接钢管 20.95m 长的表面积；

　　　　　0.18——表示以计量单位 10m² 计算时的工程量，1.76÷10=0.18（10m²）

　　　　　0.19——表示以计量单位 m³ 计算时的工程量；

　　　　　0.78——表示以计量单位 10m² 计算时的工程量。

（5）DN25 焊接钢管（手工除轻锈，刷红丹防锈漆两遍，采用 50mm 厚的泡沫玻璃瓦块管道保温，外裹麻袋布保护层）

手工除轻锈：长度：11.67m，除锈工程量：11.67×0.105m²=1.23m²

计量单位：10m²　　　工程量：0.12（10m²）　　　　套定额子目 11—1

刷红丹防锈漆第一遍：由手工除轻锈工程量可知，刷红丹防锈漆第一遍的工程量为1.23m²

定额单位：10m²　　　工程量：0.12（10m²）　　　　套定额子目 11—51

刷红丹防锈漆第二遍：由手工除轻锈工程量可知，刷红丹防锈漆第二遍的工程量为1.23m²

定额单位：10m²　　　工程量：0.12（10m²）　　　　套定额子目 11—52

保温层：根据《简明供热设计手册》表 1-2 焊接钢管规格可查得，DN25 普通焊接钢管的直径为 33.5mm

由上可知，DN25 焊接钢管的保温层工程量：

$$V = \pi \times (D + 1.033\delta) \times 1.033\delta \times L$$
$$= 3.14 \times (0.0335 + 1.033 \times 0.04) \times 1.033 \times 0.04 \times 11.67 \text{m}^3$$
$$= 0.11 \text{m}^3$$

计量单位：m³　　　工程量：0.11（m³）　　　　套定额子目 11—1751

保护层：由上可知，DN25 焊接钢管的保护层工程量：

$$S = \pi \times (D + 2.1\delta + 0.0082) \times L$$

$=3.14×(0.0335+2.1×0.04+0.0082)×11.67$

$=4.61m^2$

计量单位：10m²　　　　　工程量：0.46（10m²）　　　　　套定额子目 11—2155

【注释】　　11.67×0.105m²——表示 DN25 焊接钢管 11.67m 长的表面积；

0.105m²/m——由《简明供热设计手册》表 3-27 每米长管道表
面积和表 1-2 焊接钢管规格可查得，DN25 的每
米长管道表面积为 0.105m²；

1.23m²——表示 DN25 焊接钢管 11.67m 长的表面积；

0.12——表示以计量单位 10m² 计算时的工程量，1.23÷
10=0.12（10m²）

0.11——表示以计量单位 m³ 计算时的工程量；

0.46——表示以计量单位 10m² 计算时的工程量。

（6）DN32 焊接钢管（手工除轻锈，刷红丹防锈漆两遍，采用 50mm 厚的泡沫玻璃瓦块管道保温，外裹麻袋布保护层）

手工除轻锈：长度：25.50m，除锈工程量：25.50×0.133m²=3.39m²

定额单位：10m²　　　　　数量：0.34　　　　　套定额子目 11—1

刷红丹防锈漆第一遍：由手工除轻锈工程量可知，刷红丹防锈漆第一遍的工程量为 3.39m²

定额单位：10m²　　　　　数量：0.34　　　　　套定额子目 11—51

刷红丹防锈漆第二遍：由手工除轻锈工程量可知，刷红丹防锈漆第二遍的工程量为 3.39m²

定额单位：10m²　　　　　数量：0.34　　　　　套定额子目 11—52

根据《简明供热设计手册》表 1-2 焊接钢管规格可查得，DN32 普通焊接钢管的直径为 42.3mm。

由上可知，DN32 焊接钢管的保温层工程量：

$V=π×(D+1.033δ)×1.033δ×L$

$=3.14×(0.0423+1.033×0.04)×1.033×0.04×25.50m^3$

$=0.28m^3$

计量单位：m³　　　　　工程量：0.28（m³）　套定额子目 11—1751

保护层：

由上可知，DN32 焊接钢管的保护层工程量：

$S=π×(D+2.1δ+0.0082)×L$

$=3.14×(0.0423+2.1×0.04+0.0082)×25.50m^2$

$=10.77m^2$

计量单位：10m²　　　　　工程量：1.08（10m²）套定额子目 11—2155

【注释】　　25.50×0.133m²——表示 DN32 焊接钢管 25.50m 长的表面积；

0.133m²/m——由《简明供热设计手册》表 3-27 每米长管道表

面积和表 1-2 焊接钢管规格可查得，DN32 的每米长管道表面积为 0.133m²；

3.39m²——表示 DN32 焊接钢管 25.50m 长的表面积；

0.34——表示以计量单位 10m² 计算时的工程量，3.39÷10＝0.34（10m²）；

0.28——表示以计量单位 m³ 计算时的工程量；

1.08——表示以计量单位 10m² 计算时的工程量。

（7）DN40 焊接钢管（手工除轻锈，刷红丹防锈漆两遍，采用 50mm 厚的泡沫玻璃瓦块管道保温，外裹麻袋布保护层）

手工除轻锈：长度：19.40m，除锈工程量：19.40×0.151m²＝2.93m²

定额单位：10m²　　　数量：0.29　　　套定额子目 11—1

刷红丹防锈漆第一遍：由手工除轻锈工程量可知，刷红丹防锈漆第一遍的工程量为 2.93m²

定额单位：10m²　　　数量：0.29　　　套定额子目 11—51

刷红丹防锈漆第二遍：由手工除轻锈工程量可知，刷红丹防锈漆第二遍的工程量为 2.93m²

定额单位：10m²　　　数量：0.29　　　套定额子目 11—52

保温层：

根据《简明供热设计手册》表 1-2 焊接钢管规格可查得，DN40 普通焊接钢管的直径为 48mm。

由上可知，DN40 焊接钢管的保温层工程量：

$$V = \pi \times (D + 1.033\delta) \times 1.033\delta \times L$$
$$= 3.14 \times (0.048 + 1.033 \times 0.04) \times 1.033 \times 0.04 \times 19.40 \text{m}^3$$
$$= 0.22 \text{m}^3$$

计量单位：m³　　　工程量：0.22m³　　　套定额子目 11—1751

保护层：

由上可知，DN40 焊接钢管的保护层工程量：

$$S = \pi \times (D + 2.1\delta + 0.0082) \times L$$
$$= 3.14 \times (0.048 + 2.1 \times 0.04 + 0.0082) \times 19.40 \text{m}^2$$
$$= 8.54 \text{m}^2$$

计量单位：10m²　　　工程量：0.85（10m²）　　　套定额子目 11—2155

【注释】　19.40×0.151m²——表示 DN40 焊接钢管 19.40m 长的表面积；

0.151m²/m——由《简明供热设计手册》表 3-27 每米长管道表面积和表 1-2 焊接钢管规格可查得，DN40 的每米长管道表面积为 0.151m²；

2.93m²——表示 DN40 焊接钢管 19.40m 长的表面积；

0.29——表示以计量单位 10m² 计算时的工程量，2.93÷

10＝0.29（10m²）；

0.22——表示以计量单位 m³ 计算时的工程量；

0.85——表示以计量单位 10m² 计算时的工程量。

（8）DN50 焊接钢管（手工除轻锈，刷红丹防锈漆两遍，采用 50mm 厚的泡沫玻璃瓦块管道保温，外裹麻袋布保护层）

手工除轻锈：长度：19.40m，除锈工程量：19.40×0.188m²＝3.65m²

定额单位：10m²　　　　数量：0.37　　　　套定额子目 11—1

刷红丹防锈漆第一遍：由手工除轻锈工程量可知，刷红丹防锈漆第一遍的工程量为 3.65m²

定额单位：10m²　　　　数量：0.37　　　　套定额子目 11—51

刷红丹防锈漆第二遍：由手工除轻锈工程量可知，刷红丹防锈漆第二遍的工程量为 3.65m²

定额单位：10m²　　　　数量：0.37　　　　套定额子目 11—52

保温层：

根据《简明供热设计手册》表 1-2 焊接钢管规格可查得，DN50 普通焊接钢管的直径为 60mm。

由上可知，DN50 焊接钢管的保温层工程量：

$V = \pi \times (D + 1.033\delta) \times 1.033\delta \times L$

$= 3.14 \times (0.06 + 1.033 \times 0.04) \times 1.033 \times 0.04 \times 19.40 m^3$

$= 0.26 m^3$

计量单位：m³　　　　工程量：0.26m³　　　套定额子目 11—1759

保护层：

由上可知，DN50 焊接钢管的保护层工程量：

$S = \pi \times (D + 2.1\delta + 0.0082) \times L$

$= 3.14 \times (0.06 + 2.1 \times 0.04 + 0.0082) \times 19.40 m^2$

$= 9.27 m^2$

计量单位：10m²　　　　工程量：0.93（10m²）　套定额子目 11—2155

【注释】　19.40×0.188m²——表示 DN50 焊接钢管 19.40m 长的表面积；

0.188m²/m——由《简明供热设计手册》表 3-27 每米长管道表面积和表 1-2 焊接钢管规格可查得，DN50 的每米长管道表面积为 0.188m²；

3.65m²——表示 DN50 焊接钢管 19.40m 长的表面积；

0.37——表示以计量单位 10m² 计算时的工程量，3.65÷10＝0.37（10m²）；

0.26——表示以计量单位 m³ 计算时的工程量；

0.93——表示以计量单位 10m² 计算时的工程量。

（9）DN65 焊接钢管（手工除轻锈，刷红丹防锈漆两遍，采用 50mm 厚的泡沫玻

98

璃瓦块管道保温，外裹麻袋布保护层）

手工除轻锈：长度：25.67m，除锈工程量：$25.67 \times 0.239m^2 = 6.14m^2$

定额单位：$10m^2$　　　数量：0.61　　　套定额子目 11—1

刷红丹防锈漆第一遍：由手工除轻锈工程量可知，刷红丹防锈漆第一遍的工程量为 $6.14m^2$

定额单位：$10m^2$　　　数量：0.61　　　套定额子目 11—51

刷红丹防锈漆第二遍：由手工除轻锈工程量可知，刷红丹防锈漆第二遍的工程量为 $6.14m^2$

定额单位：$10m^2$　　　数量：0.61　　　套定额子目 11—52

保温层：

根据《简明供热设计手册》表 1-2 焊接钢管规格可查得，$DN65$ 普通焊接钢管的直径为75.5mm

由上可知，$DN65$ 焊接钢管的保温层工程量：

$V = \pi \times (D + 1.033\delta) \times 1.033\delta \times L$

$= 3.14 \times (0.0755 + 1.033 \times 0.04) \times 1.033 \times 0.04 \times 25.67m^3$

$= 0.39m^3$

计量单位：m^3　　　工程量：0.39（m^3）　套定额子目 11—1759

保护层：

由上可知，$DN65$ 焊接钢管的保护层工程量：

$S = \pi \times (D + 2.1\delta + 0.0082) \times L$

$= 3.14 \times (0.0755 + 2.1 \times 0.04 + 0.0082) \times 25.67m^2$

$= 13.52m^2$

计量单位：$10m^2$　　　工程量：1.35（$10m^2$）套定额子目 11—2155

【注释】　　$25.67 \times 0.239m^2$——表示 $DN65$ 焊接钢管 25.67m 长的表面积；

$0.239m^2/m$——由《简明供热设计手册》表 3-27 每米长管道表面积和表 1-2 焊接钢管规格可查得，$DN65$ 的每米长管道表面积为 $0.239m^2$；

$6.14m^2$——表示 $DN65$ 焊接钢管 25.67m 长的表面积；

0.61——表示以计量单位 $10m^2$ 计算时的工程量，$6.14 \div 10 = 0.61$（$10m^2$）；

0.39——表示以计量单位 m^3 计算时的工程量；

1.35——表示以计量单位 $10m^2$ 计算时的工程量。

（10）$DN80$ 焊接钢管（室内，手工除轻锈，刷红丹防锈漆两遍，采用 50mm 厚的泡沫玻璃瓦块管道保温，外裹麻袋布保护层）

手工除轻锈：长度：83.70m，除锈工程量：$83.70 \times 0.280m^2 = 23.44m^2$

定额单位：$10m^2$　　数量：2.34　　　套定额子目 11—1

刷红丹防锈漆第一遍：由手工除轻锈工程量可知，刷红丹防锈漆第一遍的工程量

为 23.44m²

定额单位：10m²　　　　数量：2.34　　　　套定额子目 11—51

刷红丹防锈漆第二遍：由手工除轻锈工程量可知，刷红丹防锈漆第二遍的工程量为 23.44m²

定额单位：10m²　　　　数量：2.34　　　　套定额子目 11—52

保温层：

根据《简明供热设计手册》表 1-2 焊接钢管规格可查得，DN80 普通焊接钢管的直径为88.5mm

由上可知，DN80 焊接钢管的保温层工程量：

$$V = \pi \times (D + 1.033\delta) \times 1.033\delta \times L$$
$$= 3.14 \times (0.0885 + 1.033 \times 0.04) \times 1.033 \times 0.04 \times 83.70 m^3$$
$$= 1.41 m^3$$

计量单位：m³　　　　工程量：1.41（m³）　　套定额子目 11—1759

保护层：

由上可知，DN80 焊接钢管的保护层工程量：

$$S = \pi \times (D + 2.1\delta + 0.0082) \times L$$
$$= 3.14 \times (0.0885 + 2.1 \times 0.04 + 0.0082) \times 83.70 m^2$$
$$= 47.49 m^2$$

计量单位：10m²　　　　工程量：4.75（10m²）套定额子目 11—2155

【注释】　　83.70×0.280m²——表示 DN80 焊接钢管 83.70m 长的表面积；

0.280m²/m——由《简明供热设计手册》表 3-27 每米长管道表面积和表 1-2 焊接钢管规格可查得，DN80 的每米长管道表面积为 0.280m²；

23.44m²——表示 DN80 焊接钢管 83.70m 长的表面积；

2.34——表示以计量单位 10m² 计算时的工程量，23.44÷10＝2.34（10m²）；

1.41——表示以计量单位 m³ 计算时的工程量；

4.75——表示以计量单位 10m² 计算时的工程量。

（11）DN80 焊接钢管（室外，手工除轻锈，刷红丹防锈漆两遍，采用 50mm 厚的泡沫玻璃瓦块管道保温，外裹麻袋布保护层）

手工除轻锈：长度：7.60m，除锈工程量：7.6×0.280m²＝2.13m²

定额单位：10m²　　　　数量：0.21　　　　套定额子目 11—1

刷红丹防锈漆第一遍：由手工除轻锈工程量可知，刷红丹防锈漆第一遍的工程量为 2.13m²

定额单位：10m²　　　　数量：0.21　　　　套定额子目 11—51

刷红丹防锈漆第二遍：由手工除轻锈工程量可知，刷红丹防锈漆第二遍的工程量为 2.13m²

定额单位：10m²　　　数量：0.21　　　套定额子目 11—52

保温层：

根据《简明供热设计手册》表1-2焊接钢管规格可查得，$DN80$普通焊接钢管的直径为88.5mm。

由上可知，$DN80$焊接钢管的保温层工程量：

$$V = \pi \times (D + 1.033\delta) \times 1.033\delta \times L$$
$$= 3.14 \times (0.0885 + 1.033 \times 0.04) \times 1.033 \times 0.04 \times 7.6 m^3$$
$$= 0.13 m^3$$

计量单位：m³　　　工程量：0.13（m³）　　　套定额子目 11—1759

保护层：

由上可知，$DN80$焊接钢管的保护层工程量：

$$S = \pi \times (D + 2.1\delta + 0.0082) \times L$$
$$= 3.14 \times (0.0885 + 2.1 \times 0.04 + 0.0082) \times 7.6 m^2$$
$$= 4.31 m^2$$

计量单位：10m²　　　工程量：0.43（10m²）　套定额子目 11—2155

【注释】　$7.60 \times 0.280 m^2$——表示$DN80$焊接钢管7.60m长的表面积；

　　　　　$0.280 m^2/m$——由《简明供热设计手册》表3-27每米长管道表面积和表1-2焊接钢管规格可查得，$DN80$的每米长管道表面积为$0.280 m^2$；

　　　　　$2.13 m^2$——表示$DN80$焊接钢管7.60m长的表面积；

　　　　　0.21——表示以计量单位10m²计算时的工程量，$2.13 \div 10 = 0.21$（10m²）；

　　　　　0.13——表示以计量单位m³计算时的工程量；

　　　　　0.43——表示以计量单位10m²计算时的工程量。

9. 套管

套管选取原则：比管道尺寸大一到两号。

1）镀锌薄钢板套管（供回水干管穿楼板用）

（1）$DN100$套管：5个

（2）$DN32$套管：12×5个$= 60$个

2）镀锌薄钢板套管（供回水干管穿墙用）

（1）$DN100$套管：1×2个$= 2$个

（2）$DN80$套管：1×2个$= 2$个

（3）$DN65$套管：5个

（4）$DN50$套管：3个

（5）$DN40$套管：4个

（6）$DN32$套管：3个

【注释】　5个——表示$DN100$立管穿一、二、三、四、五层楼板；

60 个——表示 DN20 和 DN25 立管穿一、二、三、四、五层楼板，式
子 12×5 个＝60 个中的 12 表示有 12 根 DN20 和 DN25 立管，
5 表示每根立管穿一、二、三、四、五层楼板；

1×2 个＝2 个——表示 DN100 供回水水平管穿墙的个数为 1 个，供水和回水管各
1 个，共计 2 个；

1×2 个＝2 个——表示 DN80 供回水水平管穿墙的个数为 1 个，供水和回水管
各 1 个，共计 2 个；

5 个——表示 DN65 供回水水平管穿墙的个数为 5 个；

3 个——表示 DN50 供回水水平管穿墙的个数为 3 个；

4 个——表示 DN40 供回水水平管穿墙的个数为 4 个；

3 个——表示 DN20 和 DN25 供回水水平管穿墙的个数为 3 个，其中
DN20 供回水水平管穿墙的个数为 2 个，DN25 供回水水平管
穿墙的个数为 1 个。

10. 管道支架制作安装及其刷油

由清单工程量计算可得，管道支架质量为 81.93kg。

定额计量单位：100kg 　　工程量：0.82 　　套定额子目 8—178

刷红丹防锈漆第一遍：

定额计量单位：100kg 　　工程量：0.82 　　套定额子目 11—117

刷红丹防锈漆第二遍：

定额计量单位：100kg 　　工程量：0.82 　　套定额子目 11—118

刷耐酸漆第一遍：

定额计量单位：100kg 　　工程量：0.82 　　套定额子目 11—130

刷耐酸漆第二遍：

定额计量单位：100kg 　　工程量：0.82 　　套定额子目 11—131

【注释】　0.82——表示以 100kg 为计量单位时的工程量。

11. 散热器片刷油漆（刷防锈底漆一遍，银粉漆两遍）

根据《暖通空调常用数据手册》表 1.4-12 铸铁散热器综合性能表可查得，每片
M132 型散热器片的表面积为 0.24m²，即每片散热器片油漆面积为 0.24m²。

共计：1523×0.24m²＝365.52m²

刷防锈底漆：

定额计量单位：10m²

工程量：365.52÷10＝36.55（10m²）　　套定额子目 11—199

刷银粉漆第一遍：

定额计量单位：10m²

工程量：365.52÷10＝36.55（10m²）　　套定额子目 11—200

刷银粉漆第二遍：

定额计量单位：10m²

工程量：365.52÷10＝36.55（10m²）　　　　　　　套定额子目 11—201

【注释】　36.55——表示以 10m² 为计量单位时的工程量。

12. 管道压力试验

所有管道均在 100mm 以内，管长总计：

(158.40＋104.30＋74.50＋20.95＋11.67＋25.50＋19.40＋19.40＋25.67＋83.70＋7.60)m＝551.09m

定额计量单位：100m　　　　工程量：5.51　　　　套定额子目 8—236

【注释】　158.40m——表示焊接钢管 DN15 的长度；

　　　　　104.30m——表示焊接钢管 DN20 不需做保温层和保护层的长度；

　　　　　　74.50m——表示焊接钢管 DN25 不需做保温层和保护层的长度；

　　　　　　20.95m——表示焊接钢管 DN20 需做保温层和保护层的长度；

　　　　　　11.67m——表示焊接钢管 DN25 需做保温层和保护层的长度；

　　　　　　25.50m——表示焊接钢管 DN32 的长度；

　　　　　　19.40m——表示焊接钢管 DN40 的长度；

　　　　　　19.40m——表示焊接钢管 DN50 的长度；

　　　　　　25.67m——表示焊接钢管 DN65 的长度；

　　　　　　83.70m——表示焊接钢管 DN80 室内管的长度；

　　　　　　7.60m——表示焊接钢管 DN80 室外管的长度；

　　　　　　5.51——表示以 100m 为计量单位时的工程量。

下文亦如此，故不再标注。

13. 管道冲洗

系统管道管径均在 50mm 以内：

(158.4＋104.3＋74.5＋20.95＋11.67＋25.50＋19.40＋19.40)m＝434.12m

定额计量单位：100m　　　　数量：4.34　　　　套定额子目 8—230

系统管道管径均在 100mm 以内：(25.67＋83.70＋7.6) m＝116.97m

定额计量单位：100m　　　　数量：1.17　　　　套定额子目 8—230

本工程套用《全国统一安装工程预算定额》。

某大学一号教学楼采暖工程预算表见表 3-6。

某大学一号教学楼采暖工程预算表　　　　　　　　　　　　　　　表 3-6

序号	定额编号	分项工程名称	计量单位	工程量	单价（元）	其中			合价（元）
						人工费(元)	材料费(元)	机械费(元)	
1	8—490	铸铁 M132 型散热器	10 片	152.3	41.27	14.16	27.11	—	6285.42
2	8—302	手动放风阀（DN10）	个	102	0.74	0.7	0.04		75.48
3	8—242	DN20 截止阀螺纹阀	个	14	5	2.32	2.68		70.00
4	8—243	DN25 截止阀螺纹阀	个	10	6.24	2.79	3.45		62.40
5	8—248	DN80 截止阀螺纹阀	个	2	37.71	11.61	26.1		75.42
6	8—242	DN20 泄水阀螺纹阀	个	7	5	2.32	2.68	—	35.00

序号	定额编号	分项工程名称	计量单位	工程量	单价(元)	其中			合价(元)
						人工费(元)	材料费(元)	机械费(元)	
7	8-243	DN25 泄水阀螺纹阀	个	5	6.24	2.79	3.45	—	31.20
8	8-242	DN20 闸阀螺纹阀	个	2	5	2.32	2.68	—	10.00
9	8-300	自动排气阀(DN20)	个	2	11.58	5.11	6.47	—	23.16
10	10-2	双金属温度计安装	支	2	14.1	11.15	1.94	1.01	28.2
11	10-25	就地式压力表安装	台	2	16.81	12.07	4.16	0.58	33.62
12	10-39	就地指示式椭圆齿轮流量计安装	台	1	179.4	82.2	90.22	6.99	179.41
13	8-19	室外焊接钢管(DN80)	10m	0.76	45.88	22.06	22.09	1.73	34.87
	11-1	管道,手工除轻锈	10m²	0.21	11.27	7.89	3.38	—	2.37
	11-51	刷红丹防锈漆第一遍	10m²	0.21	7.34	6.27	1.07	—	1.54
	11-52	刷红丹防锈漆第二遍	10m²	0.21	7.23	6.27	0.96	—	1.52
	11-1759	泡沫玻璃瓦块保温层管道(φ133 以下)	m³	0.13	501.19	151.2	343.3	6.75	65.15
	11-2155	麻袋布保护层	10m²	0.43	11.11	10.91	0.2	—	4.78
14	8-105	室内焊接钢管(DN80)	10m	8.37	122.03	67.34	50.8	3.89	1021.39
	11-1	管道,手工除轻锈	10m²	2.34	11.27	7.89	3.38	—	26.37
	11-51	刷红丹防锈漆第一遍	10m²	2.34	7.34	6.27	1.07	—	17.18
	11-52	刷红丹防锈漆第二遍	10m²	2.34	7.23	6.27	0.96	—	16.92
	11-1759	泡沫玻璃瓦块保温层管道(φ133 以下)	m³	1.41	501.19	151.2	343.3	6.75	706.68
	11-2155	麻袋布保护层	10m²	4.75	11.11	10.91	0.2	—	52.77
15	8-104	室内焊接钢管(DN65)	10m	2.57	115.48	63.62	46.87	4.99	296.78
	11-1	管道,手工除轻锈	10m²	0.61	11.27	7.89	3.38	—	6.87
	11-51	刷红丹防锈漆第一遍	10m²	0.61	7.34	6.27	1.07	—	4.48
	11-52	刷红丹防锈漆第二遍	10m²	0.61	7.23	6.27	0.96	—	4.41
	11-1759	泡沫玻璃瓦块保温层管道(φ133 以下)	m³	0.39	501.19	151.2	343.3	6.75	195.46
	11-2155	麻袋布保护层	10m²	1.35	11.11	10.91	0.2	—	15.00
16	8-103	室内焊接钢管(DN50)	10m	1.94	101.55	62.23	36.06	3.26	536.18
	11-1	管道,手工除轻锈	10m²	0.37	11.27	7.89	3.38	—	11.16
	11-51	刷红丹防锈漆第一遍	10m²	0.37	7.34	6.27	1.07	—	7.27
	11-52	刷红丹防锈漆第二遍	10m²	0.37	7.23	6.27	0.96	—	7.16
	11-1759	泡沫玻璃瓦块保温层管道(φ133 以下)	m³	0.26	501.19	151.2	343.3	6.75	345.82
	11-2155	麻袋布保护层	10m²	0.93	11.11	10.91	0.2	—	28.00

续表

序号	定额编号	分项工程名称	计量单位	工程量	单价(元)	其中			合价(元)
						人工费(元)	材料费(元)	机械费(元)	
17	8—102	室内焊接钢管(DN40)	10m	1.94	93.39	60.84	31.16	1.39	181.18
	11—1	管道,手工除轻锈	10m²	0.29	11.27	7.89	3.38	—	3.27
	11—51	刷红丹防锈漆第一遍	10m²	0.29	7.34	6.27	1.07	—	2.13
	11—52	刷红丹防锈漆第二遍	10m²	0.29	7.23	6.27	0.96	—	2.10
	11—1751	泡沫玻璃瓦块保温层管道(φ57以下)	m³	0.22	613.9	203.9	403.3	6.75	135.06
	11—2155	麻袋布保护层	10m²	0.85	11.11	10.91	0.2	—	9.44
18	8—101	室内焊接钢管(DN32)	10m	2.55	87.41	51.08	35.3	1.03	222.90
	11—1	管道,手工除轻锈	10m²	0.34	11.27	7.89	3.38	—	3.83
	11—51	刷红丹防锈漆第一遍	10m²	0.34	7.34	6.27	1.07	—	2.50
	11—52	刷红丹防锈漆第二遍	10m²	0.34	7.23	6.27	0.96	—	2.46
	11—1751	泡沫玻璃瓦块保温层管道(φ57以下)	m³	0.28	613.9	203.9	403.3	6.75	171.89
	11—2155	麻袋布保护层	10m²	1.08	11.11	10.91	0.2	—	12.00
19	8—100	室内焊接钢管(DN25)(需作保温和保护层处理的)	10m	1.17	81.37	51.08	29.26	1.03	95.20
	11—1	管道,手工除轻锈	10m²	0.12	11.27	7.89	3.38	—	1.35
	11—51	刷红丹防锈漆第一遍	10m²	0.12	7.34	6.27	1.07	—	0.88
	11—52	刷红丹防锈漆第二遍	10m²	0.12	7.23	6.27	0.96	—	0.87
	11—1751	泡沫玻璃瓦块保温层管道(φ57以下)	m³	0.11	613.9	203.9	403.3	6.75	67.53
	11—2155	麻袋布保护层	10m²	0.46	11.11	10.91	0.2	—	5.11
20	8—99	室内焊接钢管(DN20)(需作保温和保护层处理的)	10m	2.10	63.11	42.49	20.62	—	132.53
	11—1	管道,手工除轻锈	10m²	0.18	11.27	7.89	3.38	—	2.03
	11—51	刷红丹防锈漆第一遍	10m²	0.18	7.34	6.27	1.07	—	1.32
	11—52	刷红丹防锈漆第二遍	10m²	0.18	7.23	6.27	0.96	—	1.30
	11—1751	泡沫玻璃瓦块保温层管道(φ57以下)	m³	0.19	613.9	203.9	403.3	6.75	116.64
	11—2155	麻袋布保护层	10m²	0.78	11.11	10.91	0.2	—	8.67
21	8—100	室内焊接钢管(DN25)(不需作保温和保护层处理的)	10m	7.45	81.37	51.08	29.26	1.03	606.21
	11—1	管道,手工除轻锈	10m²	0.78	11.27	7.89	3.38	—	8.79
	11—51	刷红丹防锈漆一遍	10m²	0.78	7.34	6.27	1.07	—	5.73
	11—56	刷银粉漆第一遍	10m²	0.78	11.31	6.5	4.81	—	8.82
	11—57	刷银粉漆第二遍	10m²	0.78	10.64	6.27	4.37	—	8.30

序号	定额编号	分项工程名称	计量单位	工程量	单价(元)	人工费(元)	材料费(元)	机械费(元)	合价(元)
22	8—99	室内焊接钢管(DN20)(不需作保温和保护层处理的)	10m	10.43	63.11	42.49	20.62	—	65.63
	11—1	管道,手工除轻锈	10m²	0.88	11.27	7.89	3.38	—	9.92
	11—51	刷红丹防锈漆一遍	10m²	0.88	7.34	6.27	1.07	—	6.46
	11—56	刷银粉漆第一遍	10m²	0.88	11.31	6.5	4.81	—	9.95
	11—57	刷银粉漆第二遍	10m²	0.88	10.64	6.27	4.37	—	9.36
23	8—98	室内焊接钢管(DN15)	10m	15.84	54.9	42.49	12.41	—	869.62
	11—1	管道,手工除轻锈	10m²	1.06	11.27	7.89	3.38	—	11.95
	11—51	刷红丹防锈漆一遍	10m²	1.06	7.34	6.27	1.07	—	7.78
	11—56	刷银粉漆第一遍	10m²	1.06	11.31	6.5	4.81	—	11.99
	11—57	刷银粉漆第二遍	10m²	1.06	10.64	6.27	4.37	—	11.28
24	11—199	M132型散热器刷带锈底漆一遍	10m²	36.55	8.94	7.66	1.28	—	326.76
	11—200	M133型散热器刷银粉漆第一遍	10m²	36.55	13.23	7.89	5.34	—	483.56
	11—201	M134型散热器刷银粉漆第二遍	10m²	36.55	12.37	7.66	4.71	—	452.12
25	8—178	管道支架制作安装	100kg	0.82	654.7	235.5	195	224	445.20
	11—117	管道支架刷红丹防锈漆第一遍	100kg	0.82	13.17	5.34	0.87	6.96	8.96
	11—118	管道支架刷红丹防锈漆第二遍	100kg	0.82	12.82	5.11	0.75	6.96	8.72
	11—130	管道支架刷耐酸漆第一遍	100kg	0.82	12.45	5.11	0.38	6.96	8.47
	11—131	管道支架刷耐酸漆第二遍	100kg	0.82	12.42	5.11	0.35	6.96	8.45
26	8—175	镀锌薄钢板套管(DN100)	个	7	4.34	2.09	2.25	—	30.38
27	8—174	镀锌薄钢板套管(DN80)	个	2	4.34	2.09	2.25	—	8.68
28	8—173	镀锌薄钢板套管(DN65)	个	5	4.34	2.09	2.25	—	21.70
29	8—172	镀锌薄钢板套管(DN50)	个	3	2.89	1.39	1.5	—	8.67
30	8—171	镀锌薄钢板套管(DN40)	个	4	2.89	1.39	1.5	—	11.56

序号	定额编号	分项工程名称	计量单位	工程量	单价（元）	其中			合价（元）
						人工费（元）	材料费（元）	机械费（元）	
31	8—170	镀锌薄钢板套管（DN32）	个	63	2.89	1.39	1.5	—	182.07
32	8—236	管道压力试验	100m	5.51	173.5	107.5	56.02	9.95	1014.98
33	8—231	管径50～100mm以内管道冲洗	100m	1.17	29.26	15.79	13.47	—	34.23
34	8—230	DN50以内管道冲洗	100m	4.34	20.49	12.07	8.42	—	95.89
		合　计							16303.82

3.5　工程算量计量技巧

1. 不同规格干管的长度＝［1.5（从外墙皮1.5m处）＋一层平面图上量出的不同规格的长度］×2根（供回水）

2. 立管的计算

（1）不同规格立管的长度＝每一层的层高×对应规格的层数。

（2）立管最低端的阀门数量以"个"为计量单位，统计时需按照不同规格，分类统计。

（3）立管最高端的自动排气阀（分规格数），一般自动排气阀都带一个控制阀，因为定额里的自动排气阀不含控制阀，所以应单独套价。

（4）立管的穿楼板套管以"个"为计量单位，需按规格分类统计。

3. 支管的计算

（1）从立管上接出的支管一般供水管上有过滤器、热量表、阀门，回水管上只有阀门，对应管子上的阀门、管件个数应按规格将其全部数出来。

（2）从立管上接出的支管一般有穿墙套管，以"个"为计量单位，需按规格分类统计。

（3）支管的长度＝在大样图上量出从管井至分集水器的距离＋（分集水器距地高度＋0.2)×2根（一供一回)＋立管接支管处的高度×2（因为支管从立管接出时是在本层楼板上（H＋0.6假设的）接出的，现地热管要走地面所以要返到地面的垫层里）。

（4）按不同的回路统计分集水器的数量（因为不同回路的分集水器材料价格不一样）

4. 采暖管道室内外界限划分：以建筑物外墙皮1.5m为界，入口处设阀门者以阀门为界。管道安装时，干管、立管距墙100～150mm，回水干管距地面100mm。

5. 采暖管道的清单工程量和定额工程量的计算规则是一样的，在计算时可以按照采暖供水管和回水管逐一进行计算，这样可以避免在计算过程中出现遗漏、重复的情况。同时，在计算过程中注意平面图和系统的结合。

6. 在进行工程量计算时，可以首先将要进行计算的项目进行分类，例如，管道工程量计算，阀门，刷漆，涂油，防腐，管道压力试验等，然后对各个项目进行逐一计算，确保不遗不漏。

在进行管道工程量计算时，可以选择一个起点，按照管道的走向，对每一个管段进行计算，最后将相同尺寸的管道工程量进行累加即可。

3.6　清单综合单价详细分析

某大学一号教学楼采暖工程工程量清单见表 3-7～表 3-38。

分部分项工程量清单与计价表　　　　　　　　　　　　表 3-7

工程名称：某大学一号教学楼采暖工程　　　　　　标段：　　　　　　　第　页　共　页

序号	项目编码	项目名称	项目特征描述	计量单位	工程量	金额（元）		
						综合单价	合价	其中：暂估价
1	031005001001	铸铁散热器（M132 型）	M132 型散热器刷防锈底漆一遍，刷银粉漆两遍	片	1523	22.17	33764.91	
2	031003001001	螺纹阀门	DN10 手动放风阀	个	102	1.28	130.56	
3	031003001002	螺纹阀门	螺纹截止阀（DN20）	个	14	20.42	285.88	
4	031003001003	螺纹阀门	螺纹截止阀（DN25）	个	10	22.87	228.70	
5	031003001004	螺纹阀门	螺纹截止阀（DN80）	个	2	117	234.06	
6	031003001005	螺纹阀门	螺纹泄水阀（DN20）	个	7	20.42	142.94	
7	031003001006	螺纹阀门	螺纹泄水阀（DN25）	个	5	22.87	114.35	
8	031003001007	螺纹阀门	螺纹闸阀（DN20）	个	2	20.42	40.84	
9	031003001008	自动排气阀	自动排气阀（DN20）	个	2	29.18	58.36	
10	030601001001	温度仪表	双金属温度计安装	支	2	42.28	84.56	
11	030601002001	压力仪表	就地式压力表安装	台	2	77.75	155.50	
12	030601004001	流量仪表	就地指示式椭圆齿轮流量计安装	台	1	246.5	246.50	
13	031001002001	焊接钢管	室外焊接钢管（DN80），手工除轻锈，刷红丹防锈漆两遍，泡沫玻璃瓦块保温层管道（φ133 以下），麻袋布保护层	m	7.60	45.37	344.81	

续表

序号	项目编码	项目名称	项目特征描述	计量单位	工程量	金额（元）		其中：暂估价
						综合单价	合价	
14	031001002002	焊接钢管	室内焊接钢管（DN80），手工除轻锈，刷红丹防锈漆两遍，泡沫玻璃瓦块保温层管道（ϕ133 以下），麻袋布保护层	m	83.70	56.52	4731.29	
15	031001002003	焊接钢管	室内焊接钢管（DN65），手工除轻锈，刷红丹防锈漆两遍，泡沫玻璃瓦块保温层管道（ϕ133 以下），麻袋布保护层	m	25.67	51.61	1324.83	
16	031001002004	焊接钢管	室内焊接钢管（DN50），手工除轻锈，刷红丹防锈漆两遍，泡沫玻璃瓦块保温层管道（ϕ133 以下），麻袋布保护层	m	19.40	45.59	2408.06	
17	031001002005	焊接钢管	室内焊接钢管（DN40），手工除轻锈，刷红丹防锈漆两遍，泡沫玻璃瓦块保温层管道（ϕ57 以下），麻袋布保护层	m	19.40	44.4	861.36	
18	031001002006	焊接钢管	室内焊接钢管（DN32），手工除轻锈，刷红丹防锈漆两遍，泡沫玻璃瓦块保温层管道（ϕ57 以下），麻袋布保护层	m	25.50	42.66	1087.83	
19	031001002007	焊接钢管	室内焊接钢管（DN25），手工除轻锈，刷红丹防锈漆两遍，泡沫玻璃瓦块保温层管道（ϕ57 以下），麻袋布保护层	m	11.67	38.82	453.03	
20	031001002008	焊接钢管	室内焊接钢管（DN20），手工除轻锈，刷红丹防锈漆两遍，泡沫玻璃瓦块保温层管道（ϕ57 以下），麻袋布保护层	m	20.95	31.44	658.67	

序号	项目编码	项目名称	项目特征描述	计量单位	工程量	金额（元）		其中：暂估价
						综合单价	合价	
21	031001002009	焊接钢管	室内焊接钢管（DN25），手工除轻锈，刷红丹防锈漆一遍，银粉漆两遍	m	74.50	27.56	2053.22	
22	031001002010	焊接钢管	室内焊接钢管（DN20），手工除轻锈，刷红丹防锈漆一遍，银粉漆两遍	m	104.30	21.12	2202.82	
23	031001002011	焊接钢管	室内焊接钢管（DN15），手工除轻锈，刷红丹防锈漆一遍，银粉漆两遍	m	158.40	18.21	2884.46	
24	031002001001	管道支架	管道支架，刷红丹防锈漆两遍，刷耐酸漆两遍	kg	81.93	12.14	819.81	
合　　计							55317.35	—

工程量清单综合单价分析表　　　　　表 3-8

工程名称：某大学一号教学楼采暖工程　　　　标段：　　　　　　第　页　共　页

项目编码	031005001001	项目名称	铸铁散热器（M132型）	计量单位	片	工程量	1523

清单综合单价组成明细

定额编号	定额名称	定额单位	数量	单　价（元）				合　价（元）			
				人工费	材料费	机械费	管理费和利润	人工费	材料费	机械费	管理费和利润
8—490	铸铁散热器（M132型）组成安装	10片	0.1	14.16	27.11	—	12.28	1.42	2.71	—	1.23
11—199	M132型散热器刷防锈底漆一遍	10m²	0.024	7.66	1.28		5.71	0.18	0.03		0.14
11—200	M133型散热器刷银粉漆第一遍	10m²	0.024	7.89	5.34	—	6.16	0.19	0.13		0.15
11—201	M134型散热器刷银粉漆第二遍	10m²	0.024	7.66	4.71	—	5.95	0.18	0.11		0.14
人工单价				小　计				1.97	2.98	—	1.66
23.22元/工日				未计价材料费				15.56			

续表

项目编码	031005001001	项目名称	铸铁散热器（M132 型）	计量单位	片	工程量	1523

清单综合单价组成明细

定额编号	定额名称	定额单位	数量	单　价（元）				合　价（元）			
				人工费	材料费	机械费	管理费和利润	人工费	材料费	机械费	管理费和利润
清单项目综合单价									22.17		

材料费明细	主要材料名称、规格、型号	单位	数量	单价（元）	合价（元）	暂估单价（元）	暂估合价（元）
	铸铁散热器（M132 型）	片	10.100×0.1	14.9	15.05		
	防锈底漆	kg	0.92×0.024	10.6	0.23		
	酚醛清漆各色	kg	(0.450+0.410)×0.024	13.5	0.28		
	其他材料费			—			—
	材料费小计			—	15.56		—

【注释】 (1) 参照《北京市建设工程费用定额》(2001 年)：管理费的计费基数为人工费，费率为 62.0%；利润的计费基数为直接工程费（人工费＋材料费＋机械费）＋管理费，费率为 7.0%；管理费：$14.16×62.0\%$，利润：$(14.16＋27.11＋14.16×62.0\%)×7.0\%$，管理费和利润：$14.16×62.0\%＋(14.16＋27.11＋14.16×62.0\%)×7.0\%=12.28$ 元

(2) 铸铁散热器制作安装的数量＝定额工程量÷清单工程量÷定额单位

(3) 散热器片刷防锈底漆一遍的数量＝刷防锈底漆一遍的定额工程量÷散热器制作清单工程量÷定额单位

(4) 散热器片刷银粉漆第一遍的数量＝刷银粉漆第一遍的定额工程量÷散热器制作清单工程量÷定额单位

(5) 散热器片刷银粉漆第二遍的数量＝刷银粉漆第二遍的定额工程量÷散热器制作清单工程量÷定额单位

(6) 由《全国统一安装工程预算定额》第八册《给排水、采暖、燃气工程》8—491 查得铸铁散热器柱形的未计价材料为 10.100 片，又查得它的单价为 14.9 元/片，故其合价为 $10.100×0.1×14.9$ 元＝15.05 元。

(7) 由《全国统一安装工程预算定额》第十一册《刷油、防腐蚀、绝热工程》11—198 查得散热器片刷带锈底漆一遍的未计价材料为 0.92kg，又查得其单价为 10.6 元/m²，故其合价为 $0.92×10.6×0.024$ 元＝0.23 元。

(8) 由《全国统一安装工程预算定额》第十一册《刷油、防腐蚀、绝热工程》11—200 和 11—201 查得酚醛清漆各色数第一遍和第二遍的未计价材料分别为 0.45、0.41kg，又查得其单价为 13.5 元/kg，故其合价为 $(0.450＋0.410)×0.024×13.5$ 元＝0.28 元。

(9) 其中各项单价是根据市场价确定的，本设计采用估算值。

（10）下文亦如此，故不再作详细注明。

工程量清单综合单价分析表　　　　表 3-9

工程名称：某大学一号教学楼采暖工程　　　　标段：　　　　第　页　共　页

项目编码	031003001001	项目名称		手动放风阀		计量单位	个	工程量		102

清单综合单价组成明细

定额编号	定额名称	定额单位	数量	单　价（元）				合　价（元）			
				人工费	材料费	机械费	管理费和利润	人工费	材料费	机械费	管理费和利润
8-302	DN10 手动放风阀安装	个	1	0.7	0.04	0	0.52	0.70	0.04	—	0.52
人工单价				小　计				0.70	0.04	—	0.52
23.22 元/工日				未计价材料费				0.02			
清单项目综合单价								1.28			

材料费明细	主要材料名称、规格、型号			单位	数量	单价（元）	合价（元）	暂估单价（元）	暂估合价（元）
	手动放风阀 DN10			个	1.01	4.9	0.02		
	其他材料费					—	—		
	材料费小计					—	0.02	—	

工程量清单综合单价分析表　　　　表 3-10

工程名称：某大学一号教学楼采暖工程　　　　标段：　　　　第　页　共　页

项目编码	031003001002	项目名称		螺纹截止阀（DN20）		计量单位	个	工程量		14

清单综合单价组成明细

定额编号	定额名称	定额单位	数量	单　价（元）				合　价（元）			
				人工费	材料费	机械费	管理费和利润	人工费	材料费	机械费	管理费和利润
8-242	螺纹截止阀（DN20）安装	个	1	2.32	2.68		1.89	2.32	2.68		1.89
人工单价				小　计				2.32	2.68		1.89
23.22 元/工日				未计价材料费				13.53			
清单项目综合单价								20.42			

材料费明细	主要材料名称、规格、型号			单位	数量	单价（元）	合价（元）	暂估单价（元）	暂估合价（元）
	螺纹截止阀（DN20）			个	1.01	13.4	13.53		
	其他材料费					—			
	材料费小计					—	13.53	—	

工程量清单综合单价分析表

表 3-11

工程名称：某大学一号教学楼采暖工程　　　　标段：　　　　　　　　　　第　页　共　页

项目编码	031003001003	项目名称	螺纹截止阀（DN25）	计量单位	个	工程量	10

清单综合单价组成明细

定额编号	定额名称	定额单位	数量	单　价（元）				合　价（元）			
				人工费	材料费	机械费	管理费和利润	人工费	材料费	机械费	管理费和利润
8−243	螺纹阀截止阀(DN25)安装	个	1	2.79	3.45	—	2.29	2.79	3.45	—	2.29
人工单价			小　计					2.79	3.45	—	2.29
23.22 元/工日			未计价材料费					14.34			
清单项目综合单价								22.87			

	主要材料名称、规格、型号	单位	数量	单价（元）	合价（元）	暂估单价（元）	暂估合价（元）
材料费明细	螺纹截止阀（DN25）	个	1.01	14.2	14.34		
	其他材料费				—		—
	材料费小计				—	14.34	—

工程量清单综合单价分析表

表 3-12

工程名称：某大学一号教学楼采暖工程　　　　标段：　　　　　　　　　　第　页　共　页

项目编码	031003001004	项目名称	螺纹截止阀（DN80）	计量单位	个	工程量	2

清单综合单价组成明细

定额编号	定额名称	定额单位	数量	单　价（元）				合　价（元）			
				人工费	材料费	机械费	管理费和利润	人工费	材料费	机械费	管理费和利润
8−248	螺纹截止阀（DN80）安装	个	1	11.61	26.1	—	10.34	11.61	26.10	—	10.34
人工单价			小　计					11.61	26.10	—	10.34
23.22 元/工日			未计价材料费					68.98			
清单项目综合单价								117.03			

	主要材料名称、规格、型号	单位	数量	单价（元）	合价（元）	暂估单价（元）	暂估合价（元）
材料费明细	螺纹截止阀（DN80）	个	1.01	68.3	68.98		
	其他材料费				—		—
	材料费小计				—	68.98	—

工程量清单综合单价分析表 表 3-13

工程名称：某大学一号教学楼采暖工程　　　　标段：　　　　　　　第 页 共 页

项目编码	031003001005	项目名称	螺纹泄水阀（DN20）	计量单位	个	工程量	7

清单综合单价组成明细

定额编号	定额名称	定额单位	数量	单　价（元）				合　价（元）			
				人工费	材料费	机械费	管理费和利润	人工费	材料费	机械费	管理费和利润
8－242	螺纹泄水阀（DN20）安装	个	1	2.32	2.68	—	1.89	2.32	2.68	—	1.89
人工单价			小　计					2.32	2.68	—	1.89
23.22 元/工日			未计价材料费					13.53			
清单项目综合单价								20.42			

	主要材料名称、规格、型号	单位	数量	单价（元）	合价（元）	暂估单价（元）	暂估合价（元）
材料费明细	螺纹泄水阀（DN20）	个	1.01	13.4	13.53		
	其他材料费			—	—		
	材料费小计			—	13.53		

工程量清单综合单价分析表 表 3-14

工程名称：某大学一号教学楼采暖工程　　　　标段：　　　　　　　第 页 共 页

项目编码	031003001006	项目名称	螺纹泄水阀（DN25）	计量单位	个	工程量	5

清单综合单价组成明细

定额编号	定额名称	定额单位	数量	单　价（元）				合　价（元）			
				人工费	材料费	机械费	管理费和利润	人工费	材料费	机械费	管理费和利润
8－243	螺纹泄水阀（DN25）安装	个	1	2.79	3.45	—	2.29	2.79	3.45	—	2.29
人工单价			小　计					2.79	3.45	—	2.29
23.22 元/工日			未计价材料费					14.34			
清单项目综合单价								22.87			

	主要材料名称、规格、型号	单位	数量	单价（元）	合价（元）	暂估单价（元）	暂估合价（元）
材料费明细	螺纹泄水阀（DN25）	个	1.01	14.2	14.34		
	其他材料费			—	—		
	材料费小计			—	14.34		

工程量清单综合单价分析表

工程名称：某大学一号教学楼采暖工程　　　　标段：

表 3-15

第　页　共　页

项目编码	031003001007	项目名称	螺纹闸阀（DN20）	计量单位	个	工程量	2

清单综合单价组成明细

定额编号	定额名称	定额单位	数量	单　价（元）				合　价（元）			
				人工费	材料费	机械费	管理费和利润	人工费	材料费	机械费	管理费和利润
8—242	螺纹阀闸阀（DN20）安装	个	1	2.32	2.68	—	1.89	2.32	2.68		1.89
人工单价				小　计				2.32	2.68		1.89
23.22 元/工日				未计价材料费				13.53			
清单项目综合单价								20.42			

材料费明细	主要材料名称、规格、型号			单位	数量	单价（元）	合价（元）	暂估单价（元）	暂估合价（元）
	螺纹闸阀（DN20）			个	1.01	13.4	13.53		
	其他材料费					—	—		
	材料费小计					—	13.53		

工程量清单综合单价分析表

工程名称：某大学一号教学楼采暖工程　　　　标段：

表 3-16

第　页　共　页

项目编码	031003001008	项目名称	自动排气阀（DN20）	计量单位	个	工程量	2

清单综合单价组成明细

定额编号	定额名称	定额单位	数量	单　价（元）				合　价（元）			
				人工费	材料费	机械费	管理费和利润	人工费	材料费	机械费	管理费和利润
8—300	自动排气阀（DN20）		1	5.11	6.47	—	4.20	5.11	6.47		4.20
人工单价				小　计				5.11	6.47	—	4.20
23.22 元/工日				未计价材料费				13.40			
清单项目综合单价								29.18			

材料费明细	主要材料名称、规格、型号			单位	数量	单价（元）	合价（元）	暂估单价（元）	暂估合价（元）
	自动排气阀（DN20）			个	1	13.4	13.40		
	其他材料费					—	—		
	材料费小计					—	13.40		

工程量清单综合单价分析表

表 3-17

工程名称：某大学一号教学楼采暖工程　　　标段：　　　　　　　　　　第 页 共 页

| 项目编码 | 030601001001 | 项目名称 | 温度仪表 | 计量单位 | 支 | 工程量 | 2 |

清单综合单价组成明细

定额编号	定额名称	定额单位	数量	单　价（元）				合　价（元）			
				人工费	材料费	机械费	管理费和利润	人工费	材料费	机械费	管理费和利润
10—2	双金属温度计安装	支	1	11.15	1.94	1.01	8.38	11.15	1.94	1.01	8.38
人工单价		小　计						11.15	1.94	1.01	8.38
23.22 元/工日		未计价材料费						19.80			
清单项目综合单价								42.28			

材料费明细	主要材料名称、规格、型号	单位	数量	单价（元）	合价（元）	暂估单价（元）	暂估合价（元）
	插座（带丝堵）	套	1	19.8	19.80		
	其他材料费			—		—	
	材料费小计			—	19.80	—	

工程量清单综合单价分析表

表 3-18

工程名称：某大学一号教学楼采暖工程　　　标段：　　　　　　　　　　第 页 共 页

| 项目编码 | 030601002001 | 项目名称 | 压力仪表 | 计量单位 | 台 | 工程量 | 2 |

清单综合单价组成明细

定额编号	定额名称	定额单位	数量	单　价（元）				合　价（元）			
				人工费	材料费	机械费	管理费和利润	人工费	材料费	机械费	管理费和利润
10—25	就地式压力表安装	台	1	12.07	4.16	0.58	9.18	12.07	4.16	0.58	9.18
人工单价		小　计						12.07	4.16	0.58	9.18
23.22 元/工日		未计价材料费						51.76			
清单项目综合单价								77.75			

材料费明细	主要材料名称、规格、型号	单位	数量	单价（元）	合价（元）	暂估单价（元）	暂估合价（元）
	取源部件	套	1	35.2	35.20		
	仪表接头	套	1	16.56	16.56		
	其他材料费			—		—	
	材料费小计			—	51.76	—	

工程量清单综合单价分析表

表 3-19

工程名称：某大学一号教学楼采暖工程　　　　　标段：　　　　　　　　第　页　共　页

项目编码	030601004001	项目名称		流量仪表		计量单位	台		工程量	1

清单综合单价组成明细

定额编号	定额名称	定额单位	数量	单　价（元）				合　价（元）			
				人工费	材料费	机械费	管理费和利润	人工费	材料费	机械费	管理费和利润
10-39	就地指示式椭圆齿轮流量计安装	台	1	82.2	90.22	6.99	67.09	82.20	90.22	6.99	67.09
人工单价			小　计					82.20	90.22	6.99	67.09
23.22元/工日			未计价材料费					—			
清单项目综合单价								246.50			

材料费明细	主要材料名称、规格、型号	单位	数量	单价（元）	合价（元）	暂估单价（元）	暂估合价（元）
	其他材料费			—		—	
	材料费小计						

工程量清单综合单价分析表

表 3-20

工程名称：某大学一号教学楼采暖工程　　　　　标段：　　　　　　　　第　页　共　页

项目编码	031001002001	项目名称	室外焊接钢管（DN80）		计量单位	m	工程量	7.60

清单综合单价组成明细

定额编号	定额名称	定额单位	数量	单　价（元）				合　价（元）			
				人工费	材料费	机械费	管理费和利润	人工费	材料费	机械费	管理费和利润
8-19	室外焊接钢管（DN80）	10m	0.1	22.06	22.09	1.73	17.85	2.21	2.21	0.17	1.78
11-1	管道,手工除轻锈	10m²	0.028	7.89	3.38	—	6.02	0.22	0.09	—	0.17
11-51	刷红丹防锈漆第一遍	10m²	0.028	6.27	1.07		4.67	0.18	0.03		0.13
11-52	刷红丹防锈漆第二遍	10m²	0.028	6.27	0.96		4.67	0.18	0.03		0.13
11-1759	泡沫玻璃瓦块保温层管道（φ133以下）	m³	0.017	151.2	343.3	6.75	135.39	2.57	5.84	0.11	2.30
11-2155	麻袋布保护层	10m²	0.057	10.91	0.2	—	8.02	0.62	0.01		0.46
8-236	管道压力试验	100m	0.01	107.51	56.02	9.95	83.47	1.08	0.56	0.10	0.83

项目编码	031001002001	项目名称	室外焊接钢管（DN80）	计量单位	m	工程量	7.60

清单综合单价组成明细

定额编号	定额名称	定额单位	数量	单价（元）				合价（元）			
				人工费	材料费	机械费	管理费和利润	人工费	材料费	机械费	管理费和利润
8－231	管径 50～100mm 以内管道冲洗	100m	0.01	15.79	13.47	—	12.52	0.16	0.13	—	0.13
人工单价		小　计						7.20	8.90	0.39	5.93
23.22 元/工日		未计价材料费						22.94			
清单项目综合单价								45.37			

材料费明细	主要材料名称、规格、型号	单位	数量	单价（元）	合价（元）	暂估单价（元）	暂估合价（元）
	焊接钢管（DN80）	m	10.15×0.1	17.8	18.07		
	醇酸防锈漆 G53—1	kg	(1.47+1.30)×0.028	11.6	0.90		
	泡沫玻璃瓦块	m³	1.100×0.017	7.8	0.15		
	麻袋布	m²	14.00×0.057	4.8	3.83		
	其他材料费			—		—	
	材料费小计			—	22.94	—	

工程量清单综合单价分析表

表 3-21

工程名称：某大学一号教学楼采暖工程　　　　标段：　　　　　　　第　页　共　页

项目编码	031001002002	项目名称	室内焊接钢管（DN80）	计量单位	m	工程量	83.70

清单综合单价组成明细

定额编号	定额名称	定额单位	数量	单价（元）				合价（元）			
				人工费	材料费	机械费	管理费和利润	人工费	材料费	机械费	管理费和利润
8－105	室内焊接钢管（DN80）	10m	0.1	67.34	50.8	3.89	53.22	6.73	5.08	0.39	5.32
11－1	管道，手工除轻锈	10m²	0.028	7.89	3.38	—	6.02	0.22	0.09	—	0.17
11－51	刷红丹防锈漆第一遍	10m²	0.028	6.27	1.07	—	4.67	0.18	0.03	—	0.13

项目编码	031001002002	项目名称		室内焊接钢管（DN80）	计量单位	m	工程量	83.70

清单综合单价组成明细

定额编号	定额名称	定额单位	数量	单价（元）				合价（元）			
				人工费	材料费	机械费	管理费和利润	人工费	材料费	机械费	管理费和利润
11—52	刷红丹防锈漆第二遍	10m²	0.028	6.27	0.96	—	4.67	0.18	0.03	—	0.13
11—1759	泡沫玻璃瓦块保温层管道（φ133以下）	m³	0.017	151.2	343.3	6.75	135.39	2.57	5.84	0.11	2.30
11—2155	麻袋布保护层	10m²	0.057	10.91	0.2	—	8.02	0.62	0.01		0.46
8—236	管道压力试验	100m	0.01	107.51	56.02	9.95	83.47	1.08	0.56	0.10	0.83
8—231	管径50～100mm以内管道冲洗	100m	0.01	15.79	13.47	—	12.52	0.16	0.13		0.13
人工单价			小 计					11.73	11.77	0.60	9.47
23.22元/工日			未计价材料费					22.94			
	清单项目综合单价							56.52			

	主要材料名称、规格、型号	单位	数量	单价（元）	合价（元）	暂估单价（元）	暂估合价（元）
材料费明细	焊接钢管（DN80）	m	10.15×0.1	17.8	18.07		
	醇酸防锈漆 G53—1	kg	(1.47+1.30)×0.028	11.6	0.90		
	泡沫玻璃瓦块	m³	1.100×0.017	7.8	0.15		
	麻袋布	m²	14.00×0.057	4.8	3.83		
	其他材料费			—	—		
	材料费小计			—	22.94		

工程量清单综合单价分析表 表 3-22

工程名称：某大学一号教学楼采暖工程　　　标段：　　　　　第 页 共 页

项目编码	031001002003	项目名称	室内焊接钢管（DN65）	计量单位	m	工程量	25.67

清单综合单价组成明细

定额编号	定额名称	定额单位	数量	单 价（元）				合 价（元）			
				人工费	材料费	机械费	管理费和利润	人工费	材料费	机械费	管理费和利润
8—104	室内焊接钢管（DN65）	10m	0.1	63.62	46.87	4.99	50.29	6.36	4.69	0.50	5.03
11—1	管道，手工除轻锈	10m²	0.024	7.89	3.38	—	6.02	0.19	0.08		0.14
11—51	刷红丹防锈漆第一遍	10m²	0.024	6.27	1.07		4.67	0.15	0.03		0.11
11—52	刷红丹防锈漆第二遍	10m²	0.024	6.27	0.96		4.67	0.15	0.02		0.11
11—1759	泡沫玻璃瓦块保温层管道（φ133 以下）	m³	0.015	151.2	343.3	6.75	135.39	2.27	5.15	0.10	2.03
11—2155	麻袋布保护层	10m²	0.053	10.91	0.2		8.02	0.58	0.01		0.42
8—236	管道压力试验	100m	0.01	107.51	56.02	9.95	83.47	1.08	0.56	0.10	0.83
8—231	管径 50～100mm 以内管道冲洗	100m	0.01	15.79	13.47		12.52	0.16	0.13		0.13
人工单价				小　　计				10.93	10.67	0.70	8.81
23.22 元/工日				未计价材料费				20.50			
清单项目综合单价								51.61			

	主要材料名称、规格、型号	单位	数量	单价（元）	合价（元）	暂估单价（元）	暂估合价（元）
材料费明细	焊接钢管（DN65）	m	10.15×0.1	15.8	16.04		
	醇酸防锈漆 G53—1	kg	(1.47+1.30)×0.024	11.6	0.77		
	泡沫玻璃瓦块	m³	1.100×0.015	7.8	0.13		
	麻袋布	m²	14.00×0.053	4.8	3.56		
	其他材料费			—		—	
	材料费小计			—	20.50	—	

工程量清单综合单价分析表

表 3-23

工程名称：某大学一号教学楼采暖工程　　　标段：　　　　第 页 共 页

项目编码	031001002004	项目名称	室内焊接钢管(DN50)	计量单位	m	工程量	19.40

清单综合单价组成明细

定额编号	定额名称	定额单位	数量	单 价(元)				合 价(元)			
				人工费	材料费	机械费	管理费和利润	人工费	材料费	机械费	管理费和利润
8—103	室内焊接钢管(DN50)	10m	0.1	62.23	36.06	3.26	48.39	6.22	3.61	0.33	4.84
11—1	管道,手工除轻锈	10m²	0.019	7.89	3.38	—	6.02	0.15	0.06	—	0.11
11—51	刷红丹防锈漆第一遍	10m²	0.019	6.27	1.07	—	4.67	0.12	0.02	—	0.09
11—52	刷红丹防锈漆第二遍	10m²	0.019	6.27	0.96	—	4.67	0.12	0.02	—	0.09
11—1759	泡沫玻璃瓦块保温层管道(φ133 以下)	m³	0.013	151.2	343.3	6.75	135.39	1.97	4.46	0.09	1.76
11—2155	麻袋布保护层	10m²	0.048	10.91	0.2	—	8.02	0.52	0.01	—	0.38
8—236	管道压力试验	100m	0.01	107.51	56.02	9.95	83.47	1.08	0.56	0.10	0.83
8—230	DN50 以内管道冲洗	100m	0.01	12.07	8.42	—	9.44	0.12	0.08	—	0.09
人工单价			小　计					10.30	8.83	0.51	8.20
23.22 元/工日			未计价材料费					17.75			
清单项目综合单价								45.59			

	主要材料名称、规格、型号		单位	数量	单价(元)	合价(元)	暂估单价(元)	暂估合价(元)
材料费明细	焊接钢管(DN50)		m	10.15×0.1	13.6	13.80		
	醇酸防锈漆 G53—1		kg	(1.47+1.30)×0.019	11.6	0.61		
	泡沫玻璃瓦块		m³	1.100×0.013	7.8	0.11		
	麻袋布		m²	14.00×0.048	4.8	3.23		
	其他材料费				—		—	
	材料费小计				—	17.75	—	

工程量清单综合单价分析表　　　　　　　　　　表 3-24

工程名称：某大学一号教学楼采暖工程　　　　标段：　　　　　　第　页　共　页

项目编码	031001002005	项目名称	室内焊接钢管（DN40）	计量单位	m	工程量	19.40

清单综合单价组成明细

定额编号	定额名称	定额单位	数量	单价（元）				合价（元）			
				人工费	材料费	机械费	管理费和利润	人工费	材料费	机械费	管理费和利润
8－102	室内焊接钢管（DN40）	10m	0.1	60.84	31.16	1.39	46.90	6.08	3.12	0.14	4.69
11－1	管道，手工除轻锈	10m²	0.015	7.89	3.38	—	6.02	0.12	0.05	—	0.09
11－51	刷红丹防锈漆第一遍	10m²	0.015	6.27	1.07	—	4.67	0.09	0.02	—	0.07
11－52	刷红丹防锈漆第二遍	10m²	0.015	6.27	0.96	—	4.67	0.09	0.01	—	0.07
11－1751	泡沫玻璃瓦块保温层管道（φ57 以下）	m³	0.012	203.9	403.3	6.75	178.24	2.45	4.84	0.08	2.14
11－2155	麻袋布保护层	10m²	0.044	10.91	0.2	—	8.02	0.48	0.01	—	0.35
8－236	管道压力试验	100m	0.01	107.51	56.02	9.95	83.47	1.08	0.56	0.10	0.83
8－230	DN50 以内管道冲洗	100m	0.01	12.07	8.42	—	9.44	0.12	0.08	—	0.09
人工单价				小　计				10.51	8.69	0.32	8.34
23.22 元/工日				未计价材料费				16.53			
		清单项目综合单价						44.40			

材料费明细	主要材料名称、规格、型号	单位	数量	单价（元）	合价（元）	暂估单价（元）	暂估合价（元）
	焊接钢管（DN40）	m	10.15×0.1	12.8	12.99		
	醇酸防锈漆 G53—1	kg	(1.47+1.30)×0.015	11.6	0.48		
	泡沫玻璃瓦块	m³	1.100×0.012	7.8	0.10		
	麻袋布	m²	14.00×0.044	4.8	2.96		
	其他材料费			—		—	
	材料费小计			—	16.53	—	

工程量清单综合单价分析表

表 3-25

工程名称：某大学一号教学楼采暖工程　　　　标段：　　　　　　　　　　第　页　共　页

项目编码	031001002006	项目名称	室内焊接钢管(DN32)	计量单位	m	工程量	25.50

清单综合单价组成明细

定额编号	定额名称	定额单位	数量	单　价(元)				合　价(元)			
				人工费	材料费	机械费	管理费和利润	人工费	材料费	机械费	管理费和利润
8—101	室内焊接钢管(DN32)	10m	0.1	51.08	35.3	1.03	40.01	5.11	3.53	0.10	4.00
11—1	管道,手工除轻锈	10m²	0.013	7.89	3.38	—	6.02	0.10	0.04	—	0.08
11—51	刷红丹防锈漆第一遍	10m²	0.013	6.27	1.07	—	4.67	0.08	0.01	—	0.06
11—52	刷红丹防锈漆第二遍	10m²	0.013	6.27	0.96	—	4.67	0.82	0.12	—	0.61
11—1751	泡沫玻璃瓦块保温层管道(φ57以下)	m³	0.011	203.9	403.3	6.75	178.24	2.24	4.44	0.07	1.96
11—2155	麻袋布保护层	10m²	0.042	10.91	0.2	—	8.02	0.46	0.01	—	0.34
8—236	管道压力试验	100m	0.01	107.51	56.02	9.95	83.47	1.08	0.56	0.10	0.83
8—230	DN50以内管道冲洗	100m	0.01	12.07	8.42	—	9.44	0.12	0.08	—	0.09
人工单价				小　计				10.00	8.80	0.28	7.97
23.22元/工日				未计价材料费				15.61			
清单项目综合单价								42.66			

	主要材料名称、规格、型号		单位	数量	单价(元)	合价(元)	暂估单价(元)	暂估合价(元)
材料费明细	焊接钢管(DN32)		m	10.15×0.1	12.1	12.28		
	醇酸防锈漆 G53—1		kg	(1.47+1.30)×0.013	11.6	0.42		
	泡沫玻璃瓦块		m³	1.100×0.011	7.8	0.09		
	麻袋布		m²	14.00×0.042	4.8	2.82		
	其他材料费				—		—	
	材料费小计				—	15.61	—	

工程量清单综合单价分析表

表 3-26

工程名称：某大学一号教学楼采暖工程　　　　标段：　　　　　　　　　　第　页　共　页

项目编码	031001002007	项目名称	室内焊接钢管（DN25）	计量单位	m	工程量	11.67

清单综合单价组成明细

定额编号	定额名称	定额单位	数量	单　价（元）				合　价（元）			
				人工费	材料费	机械费	管理费和利润	人工费	材料费	机械费	管理费和利润
8—100	室内焊接钢管(DN25)（需作保温和保护层处理的）	10m	0.1	51.08	29.26	1.03	39.58	5.11	2.93	0.10	3.96
11—1	管道，手工除轻锈	10m²	0.011	7.89	3.38		6.02	0.09	0.04		0.07
11—51	刷红丹防锈漆第一遍	10m²	0.011	6.27	1.07		4.67	0.07	0.01		0.05
11—52	刷红丹防锈漆第二遍	10m²	0.011	6.27	0.96		4.67	0.07	0.01		0.05
11—1751	泡沫玻璃瓦块保温层管道（φ57 以下）	m³	0.01	203.9	403.3	6.75	178.24	2.04	4.03	0.07	1.78
11—2155	麻袋布保护层	10m²	0.039	10.91	0.2	—	8.02	0.43	0.01	—	0.31
8—236	管道压力试验	100m	0.01	107.51	56.02	9.95	83.47	1.08	0.56	0.10	0.83
8—230	DN50 以内管道冲洗	100m	0.01	12.07	8.42		9.44	0.12	0.08		0.09
人工单价		小　计						8.99	7.67	0.27	7.15
23.22 元/工日		未计价材料费						14.73			
清单项目综合单价								38.82			

	主要材料名称、规格、型号	单位	数量	单价（元）	合价（元）	暂估单价（元）	暂估合价（元）
材料费明细	焊接钢管（DN25）	m	10.15×0.1	11.5	11.67		
	醇酸防锈漆 G53—1	kg	(1.47+1.30)×0.011	11.6	0.35		
	泡沫玻璃瓦块	m³	1.100×0.010	7.8	0.09		
	麻袋布	m²	14.00×0.039	4.8	2.62		
	其他材料费			—		—	
	材料费小计			—	14.73		

工程量清单综合单价分析表

表 3-27

工程名称：某大学一号教学楼采暖工程 标段： 第 页 共 页

项目编码	031001002008	项目名称	室内焊接钢管（DN20）	计量单位	m	工程量	20.95

清单综合单价组成明细

定额编号	定额名称	定额单位	数量	单 价（元）				合 价（元）			
				人工费	材料费	机械费	管理费和利润	人工费	材料费	机械费	管理费和利润
8—99	室内焊接钢管（DN20）（需作保温和保护层处理的）	10m	0.1	42.49	20.62	—	32.61	4.25	2.06	—	3.26
11—1	管道，手工除轻锈	10m²	0.008	7.89	3.38		6.02	0.06	0.03	—	0.05
11—51	刷红丹防锈漆第一遍	10m²	0.008	6.27	1.07		4.67	0.05	0.01		0.04
11—52	刷红丹防锈漆第二遍	10m²	0.008	6.27	0.96		4.67	0.05	0.01		0.04
11—1751	泡沫玻璃瓦块保温层管道（φ57 以下）	m³	0.009	203.9	403.3	6.75	178.24	1.84	3.63	0.06	1.60
11—2155	麻袋布保护层	10m²	0.037	10.91	0.2		8.02	0.40	0.01		0.30
8—236	管道压力试验	100m	0.01	107.51	56.02	9.95	83.47	1.08	0.56	0.10	0.83
8—230	DN50 以内管道冲洗	100m	0.01	12.07	8.42	—	9.44	0.12	0.08	—	0.09
人工单价			小 计					7.85	6.39	0.16	6.21
23.22 元/工日			未计价材料费					10.83			
清单项目综合单价								31.44			

	主要材料名称、规格、型号	单位	数量	单价（元）	合价（元）	暂估单价（元）	暂估合价（元）
材料费明细	焊接钢管（DN20）	m	10.15×0.1	7.89	8.01		
	醇酸防锈漆 G53—1	kg	(1.47+1.30)×0.008	11.6	0.26		
	泡沫玻璃瓦块	m³	1.100×0.009	7.8	0.08		
	麻袋布	m²	14.00×0.037	4.8	2.49		
	其他材料费			—			
	材料费小计			—	10.83		

工程量清单综合单价分析表

表 3-28

工程名称：某大学一号教学楼采暖工程　　　　　标段：　　　　　　　　　第 页 共 页

项目编码	031001002009	项目名称	室内焊接钢管(DN25)	计量单位	m	工程量	74.50

清单综合单价组成明细

定额编号	定额名称	定额单位	数量	单 价(元)				合 价(元)			
				人工费	材料费	机械费	管理费和利润	人工费	材料费	机械费	管理费和利润
8—100	室内焊接钢管(DN25)(不需作保温和保护层处理的)	10m	0.1	51.08	29.26	1.03	39.58	5.11	2.93	0.10	3.96
11—1	管道，手工除轻锈	10m²	0.011	7.89	3.38	—	6.02	0.09	0.04		0.07
11—51	刷红丹防锈漆一遍	10m²	0.011	6.27	1.07	—	4.67	0.07	0.01		0.05
11—56	刷银粉漆第一遍	10m²	0.011	6.5	4.81	—	5.10	0.07	0.05		0.06
11—57	刷银粉漆第二遍	10m²	0.011	6.27	4.37	—	4.90	0.07	0.05		0.05
8—236	管道压力试验	100m	0.01	107.51	56.02	9.95	83.47	1.08	0.56	0.10	0.83
8—230	DN50 以内管道冲洗	100m	0.01	12.07	8.42	—	9.44	0.12	0.08		0.09
人工单价			小　　　计					6.60	3.72	0.20	5.12
23.22 元/工日			未计价材料费					11.92			
清单项目综合单价								27.56			

	主要材料名称、规格、型号	单位	数量	单价(元)	合价(元)	暂估单价(元)	暂估合价(元)
材料费明细	焊接钢管(DN25)	m	10.15×0.1	11.5	11.67		
	醇酸防锈漆 G53—1	kg	1.47×0.011	11.6	0.19		
	酚醛轻漆各色	kg	(0.36+0.33)×0.011	8.2	0.06		
	其他材料费			—	—		
	材料费小计			—	11.92	—	

工程量清单综合单价分析表

表 3-29

工程名称：某大学一号教学楼采暖工程　　　　标段：　　　　　　　　第 页 共 页

项目编码	031001002010	项目名称		室内焊接钢管(DN20)		计量单位	m	工程量	104.30

清单综合单价组成明细

定额编号	定额名称	定额单位	数量	单 价(元)				合 价(元)			
				人工费	材料费	机械费	管理费和利润	人工费	材料费	机械费	管理费和利润
8—99	室内焊接钢管(DN20)(不需作保温和保护层处理的)	10m	0.1	42.49	20.62	—	32.61	4.25	2.06	—	3.26
11—1	管道，手工除轻锈	10m²	0.008	7.89	3.38	—	6.02	0.06	0.03		0.05
11—51	刷红丹防锈漆一遍	10m²	0.008	6.27	1.07	—	4.67	0.05	0.01		0.04
11—56	刷银粉漆第一遍	10m²	0.008	6.5	4.81	—	5.10	0.05	0.04		0.04
11—57	刷银粉漆第二遍	10m²	0.008	6.27	4.37	—	4.90	0.05	0.03		0.04
8—236	管道压力试验	100m	0.01	107.51	56.02	9.95	83.47	1.08	0.56	0.10	0.83
8—230	DN50 以内管道冲洗	100m	0.01	12.07	8.42	—	9.44	0.12	0.08		0.09
人工单价			小 计					5.66	2.82	0.10	4.36
23.22 元/工日			未计价材料费					8.19			
清单项目综合单价								21.12			

材料费明细	主要材料名称、规格、型号	单位	数量	单价(元)	合价(元)	暂估单价(元)	暂估合价(元)
	焊接钢管(DN20)	m	10.15× 0.1	7.89	8.01		
	醇酸防锈漆 G53—1	kg	1.47× 0.008	11.6	0.14		
	酚醛轻漆各色	kg	(0.36+ 0.33)× 0.008	8.2	0.05		
	其他材料费			—		—	
	材料费小计			—	8.19	—	

工程量清单综合单价分析表

表 3-30

工程名称：某大学一号教学楼采暖工程　　　　标段：　　　　　　第 页 共 页

项目编码	031001002011	项目名称	室内焊接钢管(DN15)	计量单位	m	工程量	158.40

清单综合单价组成明细

定额编号	定额名称	定额单位	数量	单价(元)				合价(元)			
				人工费	材料费	机械费	管理费和利润	人工费	材料费	机械费	管理费和利润
8—98	室内焊接钢管(DN15)	10m	0.1	42.49	12.41	—	32.03	4.25	1.24		3.20
11—1	管道，手工除轻锈	10m²	0.007	7.89	3.38		6.02	0.06	0.02		0.04
11—51	刷红丹防锈漆一遍	10m²	0.007	6.27	1.07		4.67	0.04	0.01		0.03
11—56	刷银粉漆第一遍	10m²	0.007	6.5	4.81		5.10	0.05	0.03		0.04
11—57	刷银粉漆第二遍	10m²	0.007	6.27	4.37		4.90	0.04	0.03		0.03
8—236	管道压力试验	100m	0.01	107.51	56.02	9.95	83.47	1.08	0.56	0.10	0.83
8—230	DN50 以内管道冲洗	100m	0.01	12.07	8.42	—	9.44	0.12	0.08		0.09
人工单价			小　计					5.63	1.98	0.10	4.28
23.22 元/工日			未计价材料费					6.22			
清单项目综合单价								18.21			

主要材料名称、规格、型号	单位	数量	单价(元)	合价(元)	暂估单价(元)	暂估合价(元)
焊接钢管(DN20)	m	10.15×0.1	5.97	6.06		
醇酸防锈漆 G53—1	kg	1.47×0.007	11.6	0.12		
酚醛轻漆各色	kg	(0.36+0.33)×0.007	8.2	0.04		
其他材料费			—	—		
材料费小计			—	6.22		

（材料费明细）

工程量清单综合单价分析表

表 3-31

工程名称：某大学一号教学楼采暖工程　　　标段：

第　页　共　页

| 项目编码 | 031002001001 | 项目名称 | 管道支架制作安装 | 计量单位 | kg | 工程量 | 81.93 |

清单综合单价组成明细

定额编号	定额名称	定额单位	数量	单　价（元）				合　价（元）			
				人工费	材料费	机械费	管理费和利润	人工费	材料费	机械费	管理费和利润
8-178	管道支架制作安装	100kg	0.01	235.5	195	224	202.05	2.36	1.95	2.24	2.02
11-117	管道支架刷红丹防锈漆第一遍	100kg	0.01	5.34	0.87	6.96	4.46	0.05	0.009	0.07	0.04
11-118	管道支架刷红丹防锈漆第二遍	100kg	0.01	5.11	0.75	6.96	4.29	0.05	0.008	0.07	0.04
11-130	管道支架刷耐酸漆第一遍	100kg	0.01	5.11	0.38	6.96	4.26	0.05	0.004	0.07	0.04
11-131	管道支架刷耐酸漆第二遍	100kg	0.01	5.11	0.35	6.96	4.26	0.05	0.004	0.07	0.04
人工单价		小　计						2.56	1.97	2.52	2.19
23.22元/工日		未计价材料费						2.89			
清单项目综合单价								12.14			

材料费明细	主要材料名称、规格、型号	单位	数量	单价（元）	合价（元）	暂估单价（元）	暂估合价（元）
	型钢	kg	106.000×0.01	2.37	2.51		
	醇酸防锈漆 G53—1	kg	(1.16+0.95)×0.01	11.6	0.24		
	酚醛耐酸漆	kg	(0.560+0.490)×0.01	12.54	0.13		
	其他材料费			—		—	
	材料费小计			—	2.89	—	

投标报价

投 标 总 价

招 标 人：__某大学一号教学楼__

工程名称：__某大学一号教学楼采暖工程__

投标总价(小写)：__90794__

（大写）：__玖万零柒佰玖拾肆__

投 标 人：__某大学一号教学楼采暖单位公章__

法定代表人：__某暖通安装公司__

或其授权人：__法定代表人__

（签字或盖章）

编制人：__×××签字盖造价工程师或造价员专用章__

（造价人员签字盖专用章）

编制时间：__××××年××月××日__

总 说 明

工程名称：某大学一号教学楼采暖工程 　　　　　　　　　　　　　第 页 共 页

---

1. 工程概况

　　该工程为某大学一号教学楼采暖工程，该教学楼共六层，每层层高为3m。此设计采用机械循环热水供暖系统中的单管上供中回顺流同程式系统，可以减轻水平失调现象。此系统中供回水采用低温热水，即供回水分别为95℃和70℃热水，由室外城市热力管网供热。管道采用焊接钢管，管径不大于32mm的焊接钢管采用螺纹连接，管径大于32mm的焊接钢管采用焊接。其中，顶层所走的水平供水干管和底层所走的水平回水干管，以及供回水总立管和与城市热力管网相连的供回水管均需作保温处理，需手工除清锈后，再刷红丹防锈漆两遍后，采用50mm厚的泡沫玻璃瓦块管道保温，外裹麻袋布保护层；其他立管和房间内与散热器连接的管均需手工除轻锈后，刷红丹防锈漆一遍，银粉漆两遍。根据《暖通空调规范实施手册》，采暖管道穿过楼板和隔墙时，宜装设套管，故此设计中的穿楼板和隔墙的管道设镀锌薄钢板套管，套管尺寸比管道大一到两号，管道设支架，支架刷红丹防锈漆两遍，耐酸漆两遍。

　　散热器采用铸铁M132型，落地式安装，散热器表面刷防锈底漆一遍，银粉漆两遍。每组散热器设手动排气阀一个，每根供水立管的始末两端各设截止阀一个，根据《暖通空调规范实施手册》，热水采暖系统，应在热力入口和出口处的供回水总管上设置温度计、压力表。

　　系统安装完毕应进行水压试验，系统水压试验压力是工作压力的1.5倍，10min内压力降不大于0.02MPa，且系统不渗水为合格。系统试压合格后，投入使用前进行冲洗，冲洗至排出水不含泥砂、铁屑等杂物且水色不浑浊为合格，冲洗前应将温度计、调节阀及平衡阀等拆除，待冲洗合格后再装上。

2. 投标控制价包括范围

本次招标的某大学一号教学楼施工图范围内的采暖工程。

3. 投标控制价编制依据

（1）招标文件及其所提供的工程量清单和有关计价的要求，招标文件的补充通知和答疑纪要。

（2）该大学一号教学楼施工图及投标施工组织设计。

（3）有关的技术标准、规范和安全管理规定。

（4）省建设主管部门颁发的计价定额和计价管理办法及有关计价文件。

（5）材料价格采用工程所在地工程造价管理机构发布的价格信息，对于造价信息没有发布的材料，其价格参照市场价。

工程项目投标报价汇总表

表 3-32

工程名称：某大学一号教学楼采暖工程　　　　　　　　　　　　　　　　　　第　页　共　页

序号	单项工程名称	金额（元）	其中		
			暂估价（元）	安全文明施工费（元）	规费（元）
1	某大学一号教学楼采暖	90794.23	10000	611.16	8753.09
	合　计	90794.23	10000	611.16	8753.09

单项工程投标报价汇总表

表 3-33

工程名称：某大学一号教学楼采暖工程　　　　　　　　　　　　　　　　　　第　页　共　页

序号	单项工程名称	金额（元）	其中		
			暂估价（元）	安全文明施工费（元）	规费（元）
1	某大学一号教学楼采暖	90794.23	10000	611.16	8753.09
	合　计	90794.23	10000	611.16	8753.09

单位工程投标报价汇总表

表 3-34

工程名称：某大学一号教学楼采暖工程　　　　　　　　　　　　　　　　　　第　页　共　页

序　号	汇总内容	金额（元）	其中：暂估价（元）
1	分部分项工程	55317.35	
1.1	某大学一号教学楼采暖	55317.35	
1.2			
1.3			
1.4			
2	措施项目	1588.06	
2.1	环境保护和安全文明施工费	611.16	
3	其他项目	22141.74	
3.1	暂列金额	5531.74	
3.2	专业工程暂估价	10000	
3.3	计日工	6210	
3.4	总承包服务费	400	
4	规费	8753.09	
5	税金	2993.99	
	合计＝1＋2＋3＋4＋5	90794.23	

注：这里的分部分项工程中存在暂估价。

措施项目清单与计价表

表 3-35

工程名称：某大学一号教学楼采暖工程　　　　标段：　　　　　　　　第　页　共　页

序号	项目名称	计算基础	费率	金额（元）
1	环境保护费及文明施工费	人工费（7916.55 元）	3.98%	315.08
2	安全施工费	人工费	3.74%	296.08
3	临时设施费	人工费	6.88%	544.66
4	夜间施工增加费	根据工程实际情况编制费用预算		
5	材料二次搬运费	人工费	1.2%	95.00
6	大型机械设备进出场及安拆费，混凝土、钢筋混凝土模板及支架费，脚手架费，施工排水、降水费用	根据工程实际情况编制费用预算		
7	已完工程及设备保护费（含越冬维护费）	根据工程实际情况编制费用预算		
8	检验试验费、生产工具用具使用费	人工费	4.26%	337.25
	合　计			1588.06

注：该表费率参考《吉林省建筑安装工程费用定额》（2006 年）。

其他项目清单与计价汇总表

表 3-36

工程名称：某大学一号教学楼采暖工程　　　　标段：　　　　　　　　第　页　共　页

序号	项目名称	计量单位	金额（元）	备　注
1	暂列金额	项	5531.74	一般按分部分项工程（55317.35 元）的 10%～15%
2	暂估价		10000	
2.1	材料暂估价			
2.2	专业工程暂估价	项	10000	按有关规定估算
3	计日工		6210	
4	总承包服务费		400	一般为专业工程估价的 3%～5%
	合　计		22141.74	

注：第 1、4 项备注参考《工程量计算规范》；材料暂估单价进入清单项目综合单价，此处不汇总。

计日工表

表 3-37

工程名称：某大学一号教学楼采暖工程　　　　标段：　　　　　　　　第　页　共　页

编号	项目名称	单　位	暂定数量	综合单价（元）	合价（元）
一	人工				
1	普工	工日	50	60	3000
2	技工（综合）	工日	20	80	1600

续表

编号	项目名称	单　位	暂定数量	综合单价（元）	合价（元）
3					
4					
	人　工　小　计				4600
二	材料				
1					
2					
3					
4					
5					
6					
	材料小计				
三	施工机械				
1	灰浆搅拌机	台班	1	20	20
2	自升式塔式起重机	台班	3	530	1590
3					
4					
	施工机械小计				1610
	总　　计				6210

注：此表项目，名称由招标人填写，编制招标控制价时，单价由招标人按有关计价规定确定；投标时，单价由投标人自主报价，计入投标总价中。

规费税金项目清单与计价表

表 3-38

工程名称：某大学一号教学楼采暖工程　　　　　标段：　　　　　　　　　　第　页　共　页

序号	项目名称	计算基础	计算费率	金额（元）
1	规费			
1.1	工程排污费	人工费	1.3%	102.92
1.2	工程定额测定费	税前工程造价（分部分项工程费＋措施项目费＋其他项目费）＋利润（83005.43元）	0.1%	83.01
1.3	养老保险费	根据工程实际情况编制费用预算		
1.4	失业保险费	人工费	2.44%	1223.88
1.5	医疗保险费	人工费	7.32%	3671.64
1.6	住房公积金	人工费	6.10%	3059.70
1.7	工伤保险费	人工费	1.22%	611.94
1.8	危险作业意外伤害保险费	根据工程实际情况编制费用预算		
2	税金	不含税工程造价（分部分项工程费＋措施项目费＋其他项目费＋规费）（87800.24元）	3.41%	2993.99
	合　　计			11747.08

注：该表费率参考《吉林省建筑安装工程费用定额》（2006年）；其中的利润：建筑业行业利润为人工费的50%，即该工程的利润为 7916.55 元×50%＝3958.28 元。

133

精讲实例 4
某教学楼给水排水工程设计

4.1 简要工程概况

某大学教学楼共有 6 层，层高为 3.3m，每层设置男女卫生间各一个，每层卫生间的设置均相同。现教学楼内每一层的卫生间有 4 个给水系统和 4 个排水系统，管道埋地深 0.8m。男卫生间内设蹲式大便器 6 套，挂式小便器 6 套，拖布池 1 个，地漏 1 个，洗脸盆 2 组，女卫生间内设蹲式大便器 12 套，拖布池 1 个，地漏 1 个，洗脸盆 2 组，给水管道采用镀锌钢管（螺纹连接），埋地部分刷沥青两遍，明装部分刷银粉两遍，排水管道采用铸铁管（水泥接口）均需刷沥青两遍。

4.2 工程图纸识读

1. 给水排水施工图的构成

1）给水排水平面图

给水排水平面图主要反映卫生器具、管道及其附件的平面布置情况。常用"J"和"W"来表示给水系统和污水系统，平面图的读图要点：

（1）了解给水排水系统的编号；

（2）了解每个编号的给水排水系统下卫生器具类型；

（3）了解管路的坡度、各管道的管径。

阅读给水系统图时，通常从引入管开始，依次按引入管—水平干管—立管—支管—配水器具的顺序进行阅读。

阅读排水系统图时，则依次按卫生器具、地漏及其他污水管—连接管—水平支管—立管—排水管—检查井的顺序进行阅读。

2）给水排水系统图

给水排水系统图主要反映卫生器具、管道等的空间位置情况。

系统图的读图要点：

（1）了解各管道的管径、标高；

（2）结合平面图，了解管道与卫生器具的连接情况；

（3）了解给水排水系统的设备附件种类。

3）给水排水施工详图

大样详图是将给水排水施工图中的局部范围，以比例放大而得到的图样，表明尺寸及做法而绘制的局部详图。通常有设备节点详图、接口大样详图、管道固定详图、卫生设施大样详图、卫生间布置详图等。

2. 某教学楼的卫生间给水排水施工图纸

某学校教学楼的卫生间给水排水施工图如图4-1～图4-7所示。

3. 读图举例

1）识读平面图

以图4-1卫生间平面布置图为例，可以了解以下内容：

（1）某教学楼卫生间给水排水系统中共有4个给水系统，分别为GL—1、GL—2、GL—3、GL—4，共有4个排水系统，分别为PL—1、PL—2、PL—3、PL—4。

（2）GL—1给水系统直接通向女卫生间的6个大便器，6个大便器的间隔均为0.9m；GL—2、GL—3依次通向6个大便器、污水池、地漏、两个洗脸盆。GL—4给水系统直接通向男卫生间的6个小便器，6个小便器的间隔均为0.9m。

（3）6个大便器的污水和地漏的污水流入PL—1排水系统，两个洗脸盆、地漏、污水池、6个大便器的污水流入PL—2、PL—3排水系统；6个小便器中的污水流入PL—3排水系统。

2）识读系统图

以图4-5PL—1排水系统图为例，结合平面图，可以了解以下内容：

（1）排水总管的管径为100mm，标高为—0.800m；

（2）大便器的管径为100mm，标高为±0.000m；

（3）排水立管的管径为100mm；

（4）该教学楼共有6层，层高为3.3m，每楼的卫生间的给水排水系统与一层的相同。

4.3　工程量计算规则

1. 清单工程量计算规则

某教学楼卫生间给水排水工程所涉及的项目编码及清单工程量计算规则见表4-1。

清单工程量计算规则　　　　　　　　　　　　　　　　　　　　表4-1

项目编码	项目名称	工程量计算规则
031001001	镀锌钢管	按设计图示管道中心线以长度计算
031001005	铸铁管	按设计图示管道中心线以长度计算
031004006	大便器	按设计图示数量计算
031004007	小便器	按设计图示数量计算
031004003	洗脸盆	按设计图示数量计算
031004014	给、排水附（配）件	按设计图示数量计算
030901010	室内消火栓	按设计图示数量计算

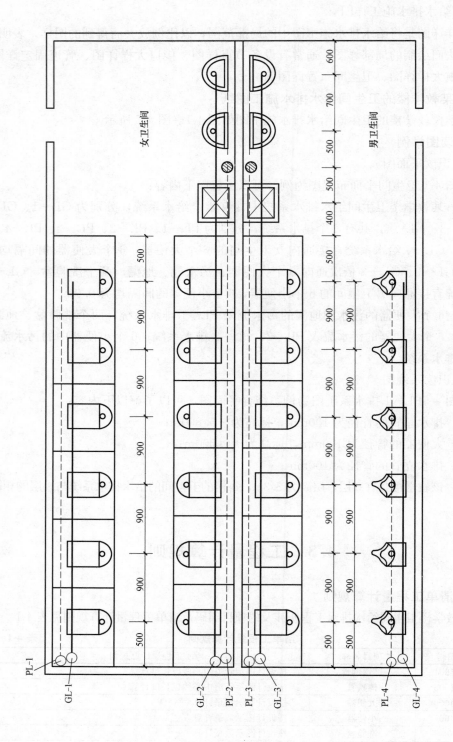

图 4-1　卫生间平面布置图

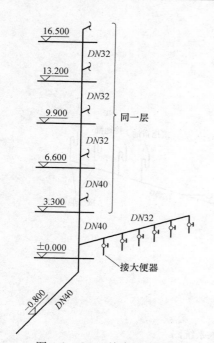

图 4-2　GL-1 给水系统图

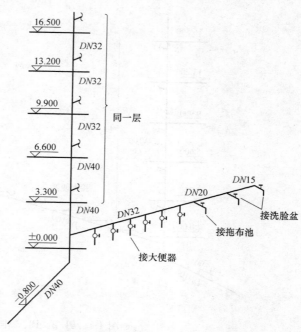

图 4-3　GL-2、GL-3 给水系统图

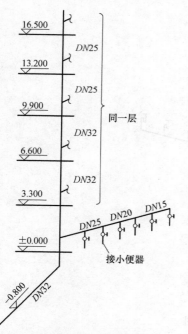

图 4-4　GL-4 给水系统图

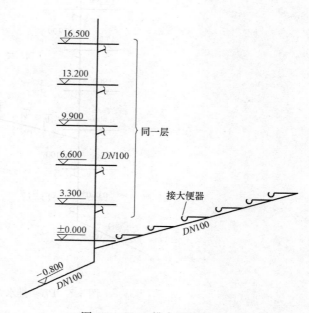

图 4-5　PL-1 排水系统图

2. 定额工程量计算规则

某教学楼卫生间给水排水工程所涉及的设备使用的定额工程量计算规则如下：

（1）各种管道均以施工图所示中心长度以"m"为计量单位，不扣除阀门、管件（包括减压器、疏水器、水表、伸缩器等组成安装）所占的长度；

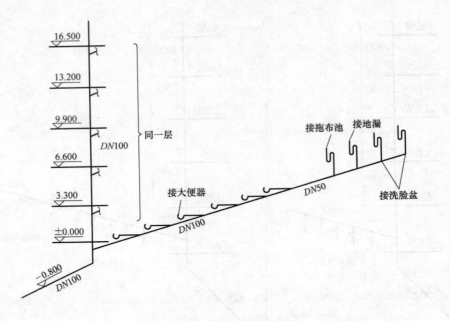

图 4-6　PL-2、PL-3 排水系统图

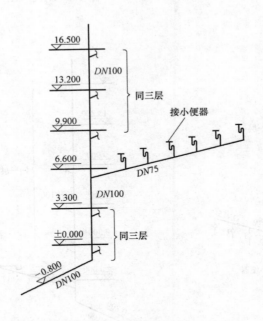

图 4-7　PL-4 排水系统图

（2）卫生器具组成安装以"组"为计量单位，已按标准图综合了卫生器具与给水管、排水管连接的人工与材料用量，不得另行计算；

（3）管道的刷油工程按表面积以"m²"为计量单位，可按管道的长度乘以管道的每米长管道表面积计算刷油的工程量。

4.4 工程算量讲解部分

【解】 工程量计算

[说明] 本题在计算过程中只考虑了室内立管和横干管的工程量，而未考虑支管的工程量，因为支管的工程量在总的工程量中所占的比例很小，计算出立管和横干管的工程量，就可知总体的工程量为多少。

1. 管道系统

1）给水系统

（1）$DN40$：30.72m

其中，埋地部分：$[(1.5+0.24+0.1)×3+0.8+0.8×2]m＝7.92m$

明装部分工程量：

GL-1：从 GL-1 给水系统图中知从一层至二层的给水立管采用 $DN40$ 管，其工程量为 $(6.60+1.0)m＝7.60m$，其中 0.80m 为室内立管的埋地部分长度，6.60m 为两层立管的工程量，1.0m 为三层从地面到支管安装处之间 $DN40$ 管的长度。

GL-2：从 GL-2、GL-3 给水系统图中看出其工程量与 GL-1 相同，故为 7.6m。

GL-3：与 GL-1 同，7.6m。

故 $DN40$ 总的工程量为 3 根立管相加，即 $(7.6+7.6+7.6)m＝22.8m$。明管 $DN40$ 工程量为 22.8m。

$DN40$ 的总工程量为：$(7.92+22.8)m＝30.72m$

（2）$DN32$：131.44m

其中，埋地部分：$(1.5+0.24+0.1+0.8)m＝2.64m$。

明装部分工程量：

① GL-1：从 GL-1 给水系统图中可看出横干管均为 $DN32$ 管，其工程量为 $[(0.5-0.1)+0.9×5]m＝4.90m$，其中 0.5m 为第一个大便器中心到墙的距离，0.1m 为给水立管距墙的距离，0.9×5m 为 6 个大便器之间的距离，6 层楼总的横干管的工程量为：4.90×6m＝29.4m，立管部分从三层至六层为 $DN32$ 管，工程量为 3.3×3m＝9.9m，故 GL-1 中 $DN32$ 总的工程量为：$(29.4+9.9)m＝39.3m$。

② GL-2、GL-3：从图中可看出 GL-2 和 GL-3 中 $DN32$ 的工程量其实与 GL-1 相同，故也为 39.3m，因为是两根相同的供水管，故 GL-2 和 GL-3 中 $DN32$ 的总工程量为 39.3×2m＝78.6m。

③ GL-4：从 GL-4 给水系统图中看出从一层地面至四层支管之间的立管部分为 $DN32$ 管，其工程量为：$(3.3×3+1.0)m＝10.9m$。

④ 故 $DN32$ 总的工程量应为 4 根给水立管中 $DN32$ 工程量的总和：$(39.3+78.6+10.9)m＝128.80m$

$DN32$ 的总工程量为：$(2.64+128.80)m＝131.44m$

（3）$DN25$：19.80m

从给水系统图中看出只有 GL-4 中有 $DN25$ 管，立管部分从四层至六层为 $DN25$，工程量为：$3.3 \times 2m = 6.6m$，支管部分从立管出发至第三个小便器之间为 $DN25$ 管，其工程量为 $[(0.5 - 0.1) + 0.9 \times 2]m = 2.20m$，6 层总的支管部分工程量为 $2.20 \times 6m = 13.2m$，故 $DN25$ 总的工程量为：$(6.6 + 13.2)m = 19.80m$。

（4）$DN20$：33.6m

GL-2、GL-3：从 GL-2、GL-3 给水系统图中看出第一个大便器和第一个洗脸盆供水的横干管为 $DN20$，其工程量为：$(0.5 + 0.4 + 0.5 + 0.5)m = 1.9m$，共 6 层再乘以 6 得：$1.9 \times 6m = 11.4m$，两根立管中的工程量为：$11.4 \times 2m = 22.8m$。

GL-4：从 GL-4 给水系统图中看出第三和第五个小便器之间为 $DN20$ 管，其工程量为：$0.9 \times 2m = 1.8m$，6 层的工程量为 $1.8 \times 6m = 10.8m$。

故 $DN20$ 总的工程量为：$(22.8 + 10.8)m = 33.6m$。

（5）$DN15$：13.8m

GL-2、GL-3：从 GL-2、GL-3 给水系统图中看到最后一个洗脸盆供水的支管为 $DN15$，其工程量为 0.7m，6 层总的工程量为：$0.7 \times 6m = 4.2m$，两根相同的立管总的工程量为 $4.2 \times 2m = 8.4m$。

GL-4：从系统图上知最后一个小便器供水的支管为 $DN15$，其工程量为 0.9m，6 层总的工程量为：$0.9 \times 6m = 5.4m$。

故 $DN15$ 总的工程量为：$(8.4 + 5.4)m = 13.8m$

2）排水系统

（1）$DN100$：165.46m

PL-1：PL-1 中全部为 $DN100$ 管，工程量为：$[(0.9 \times 5 + 0.5 - 0.05) \times 6 + 0.8 + 3.3 \times 5]m = 47m$，其中 $(0.9 \times 5 + 0.5 - 0.05) \times 6m$ 为 6 层楼横管总的工程量，$(0.8 + 3.3 \times 5)m$ 为立管部分的工程量。

PL-2、PL-3：从图上可知 PL-2 和 PL-3 中 $DN100$ 的工程量其实与 PL-1 中是相同的，即为 47m，因为是两根相同的立管，故总的工程量为：$47 \times 2m = 94m$。

PL-4：从 PL-4 排水系统图上得出只有立管部分为 $DN100$，故其工程量为：$(0.8 + 3.3 \times 5)m = 17.3m$。出户管工程量为：$(1.5 + 0.24 + 0.05) \times 4 = 7.16m$。

故 $DN100$ 总的工程量为：$(47 + 94 + 17.3 + 7.16)m = 165.46m$

（2）$DN75$：29.7m

从排水系统图上看出只有 PL-4 中有 $DN75$ 的管，其工程量为：$[(0.5 - 0.05) + 0.9 \times 5]m = 4.95m$，6 层支管相同，总的工程量为：$4.95 \times 6m = 29.7m$。

（3）$DN50$：31.2m

从排水系统图上可知，只有 PL-2、PL-3 中有 $DN50$ 管，其工程量为：$(0.5 + 0.4 + 0.5 + 0.5 + 0.7)m = 2.6m$，6 层支管总的工程量为：$2.6 \times 6m = 15.6m$。因为 PL-2、PL-3 中管道相同，故总的工程量为：$15.6 \times 2m = 31.2m$。

2. 卫生器具安装

（1）蹲式大便器（普通阀冲洗）安装：18×6 套＝108 套

（2）小便器（普通挂斗式）安装：6×6 套＝36 套

（3）洗脸盆（普通冷水嘴）安装：4×6 组＝24 组

（4）DN15 水龙头安装：2×6 个＝12 个

（5）地漏（DN50）安装：2×6 个＝12 个

（6）排水栓（DN50）安装：2×6 组＝12 组

3. 工程量汇总

给水系统、排水系统管道工程量汇总见表 4-2、表 4-3。

镀锌钢管工程量汇总表　　　　　　　　表 4-2

规　格	单　位	数　量	备　注
DN40	m	7.92	埋地
DN40	m	22.80	明装
DN32	m	2.64	埋地
DN32	m	128.80	明装
DN25	m	19.80	明装
DN20	m	33.60	明装
DN15	m	13.80	明装

排水铸铁管工程量汇总表　　　　　　　表 4-3

规　格	单　位	数　量	备　注
DN100	m	165.46	均为排水铸铁管，水泥接口
DN75	m	29.70	
DN50	m	31.20	

4. 刷油工程量

1）镀锌钢管

（1）埋地管刷沥青两遍，每遍的工程量为：

DN40：$7.92 \times 0.15 \text{m}^2 = 1.19 \text{m}^2$

DN32：$2.64 \times 0.13 \text{m}^2 = 0.34 \text{m}^2$

（2）明管刷银粉两遍，每遍的工程量为：

DN40：$22.8 \times 0.15 \text{m}^2 = 3.42 \text{m}^2$

DN32：$128.8 \times 0.13 \text{m}^2 = 16.74 \text{m}^2$

DN25：$19.80 \times 0.11 \text{m}^2 = 2.18 \text{m}^2$

DN20：$33.6 \times 0.084 \text{m}^2 = 2.82 \text{m}^2$

DN15：$13.8 \times 0.08 \text{m}^2 = 1.10 \text{m}^2$

2）排水铸铁管

排水铸铁管的表面积可根据管壁厚度按实际计算，一般习惯上是将焊接钢管表面积乘系数 1.2，即为铸铁管表面积（包括承口部分）。

铸铁管刷沥青两遍：

$DN100$：$165.46×0.36×1.2m^2＝71.48m^2$

$DN75$：$29.7×0.28×1.2m^2＝9.98m^2$

$DN50$：$31.2×0.19×1.2m^2＝7.11m^2$

注：管道油漆工程量计算公式："管道长度（m）×每 m 油漆面积"，每米油漆面积可查表。

5. 定额计价方式下的施工图预算见表 4-4

室内给水排水工程施工图预算表

表 4-4

工程名称：给水排水工程

序号	定额编号	分项工程名称	定额单位	工程量	基价（元）	其中			合价（元）
						人工费（元）	材料费（元）	机械费（元）	
1	8－91	镀锌钢管安装($DN40$)（埋地）	10m	0.79	93.85	60.84	31.98	1.03	74.14
2	8－91	镀锌钢管安装($DN40$)	10m	2.28	93.85	60.84	31.98	1.03	213.98
3	8－90	镀锌钢管安装($DN32$)（埋地）	10m	0.26	86.16	51.08	34.05	1.03	22.40
4	8－90	镀锌钢管安装($DN32$)	10m	12.88	86.16	51.089	34.05	1.03	1109.74
5	8－89	镀锌钢管安装($DN25$)	10m	1.98	83.51	51.08	31.40	1.03	165.35
6	8－88	镀锌钢管安装($DN20$)	10m	3.36	66.72	42.49	24.23	—	224.18
7	8－87	镀锌钢管安装($DN15$)	10m	1.38	65.45	42.49	22.96	—	90.32
8	8－146	铸铁管安装($DN100$)	10m	16.55	357.39	80.34	277.05	—	5914.80
9	8－145	铸铁管安装($DN75$)	10m	2.97	249.18	62.23	186.95	—	740.06
10	8－144	铸铁管安装($DN50$)	10m	3.12	133.41	52.01	81.40	—	416.24
11	11－66	管道刷沥青第一遍	10m²	9.01	8.04	6.50	1.54		72.44
12	11－67	管道刷沥青第二遍	10m²	9.01	7.64	6.27	1.37		68.84
13	11－56	管道刷银粉第一遍	10m²	2.63	11.31	6.50	4.81		29.75
14	11－57	管道刷银粉第二遍	10m²	2.63	10.64	6.27	4.37		27.98
15	8－409	蹲式大便器安装	10 套	10.80	733.44	133.75	599.69		7921.15
16	8－418	挂斗式小便器安装	10 套	3.60	432.33	78.02	354.31		1556.39
17	8－382	洗脸盆（普通冷水嘴）	10 组	2.40	576.23	109.60	466.63		1382.95
18	8－438	水龙头($DN15$)安装	10 个	1.20	7.48	6.50	0.98		8.98
19	8－447	地漏($DN50$)安装	10 个	1.20	55.88	37.15	18.73		67.06
20	8＋443	排水栓($DN50$)安装	10 组	1.20	121.41	44.12	77.29		145.69
		合　计							20252.44

4.5　工程算量计量技巧

1. 给水管道室内外界限划分：以建筑物外墙皮 1.5m 为界，入口处设阀门者以阀门为界

室内管道分为埋地部分和明装部分，两部分的管道计算其工程量时需要考虑的因素不一样。

计算管道的工程量时应注意平面图和系统图的结合，一般埋地部分管道的工程量＝室外管道的长度＋墙厚＋管道离墙的距离＋管道埋深

例如：$DN32$ 的埋地部分：$(1.5+0.24+0.1+0.8)m=2.64m$

明装部分的管道根据平面图及系统图进行计算即可。

2. 排水管道室内外界限划分：以出户第一个排水检查井为界

3. 定额与清单工程量计算规则的区别与联系

1）管道

通过定额与清单工程量计算规则的对比可知：两者均是以图示中心线长度以"m"为单位计算的，且不扣除阀门、管件（包括减压器、疏水器、水表、伸缩器等）所占的长度。

2）卫生器具制作安装

卫生器具制作安装与安装的工程量计算规则在定额与清单中是一样的；均是以设计图示数量计算。

3）管道刷油

由于管道的清单项目工作内容中已包含了管道刷油防腐等工作内容，所以管道刷油工作只计算定额工程量，工程量以"m"为计量单位，公式为 $S=\pi \times D \times L$（其中：D 为管道的公称直径，L 为管道的长度）。

4. 工程量计算易错、易漏项明示

（1）清单中给水排水管道的工作内容包含管道、管件及弯管的制作、安装；管件安装；套管（包括防水套管）制作、安装；管道除锈、刷油、防腐；管道绝热及保护层安装、除锈、刷油；给水管道消毒、冲洗；水压及泄漏试验，所以在进行管道工程量计算时，工程内容里已包含的内容无须另外单独计算。

（2）定额中卫生器具的组成安装已按标准图综合了卫生器具与给水管、排水管连接的人工与材料用量，不得另行计算。

5. 清单组价重、难点剖析

（1）工程量清单综合单价分析表中的管理费和利润在《全国统一安装工程预算定额》中是以人工费为取费基数的，其中管理费费率为 155.4%，利润率为 60%。

（2）如果该清单项目所对应的定额中包含未计价材料的，那么在进行该项目的综合单价分析时，材料费明细中应分析其未计价材料，否则不分析。

（3）在清单组价过程中，实际采用的材料与定额中的材料不符时，要对定额进行换算。

6. 疑难点、易错点总结

（1）通过定额与清单的对比可知，对于给水排水工程的定额工程量计算规则与清单工程量计算规则是一样的，所以为了方便，在计算工程量时，不再单独分别计算。

（2）在分部分项工程量清单与计价表填写时，"项目编码"一栏为 12 位数字，前9 位应按清单规定设置，最后 3 位应根据拟建工程的工程量清单项目名称设置，同一

个工程的项目编码不能重复。"项目特征描述一栏的内容应完整、详细，影响工程量计算的项目特征均应描述"。

（3）综合单价是由分析出的人工费合价、材料费合价、机械费合价、管理费和利润合价组成的，如果有未计价材料的，那么未计价材料和上述几项一起构成综合单价。

4.6 清单综合单价详细分析

某教学楼卫生间给水排水工程工程量清单见表4-5～表4-21。

分部分项工程量清单与计价表

表4-5

工程名称：给水排水工程　　　　　　　　　标段：　　　　　　　　　　　第　页　共　页

序号	项目编码	项目名称	项目特征描述	计量单位	工程量	综合单价	合价	其中 暂估价
1	031001001001	镀锌钢管（DN40）	埋地，给水系统，螺纹连接，刷沥青二度	m	7.92	41.59	329.39	
2	031001001002	镀锌钢管（DN40）	给水系统，螺纹连接，刷银粉两遍	m	22.80	41.68	950.30	
3	031001001003	镀锌钢管（DN32）	埋地，给水系统，螺纹连接，刷沥青二度	m	2.64	35.34	93.30	
4	031001001004	镀锌钢管（DN32）	给水系统，螺纹连接,刷银粉两遍	m	128.80	35.43	4563.38	
5	031001001005	镀锌钢管（DN25）	给水系统，螺纹连接,刷银粉两遍	m	19.80	31.63	626.27	
6	031001001006	镀锌钢管（DN20）	给水系统，螺纹连接,刷银粉两遍	m	33.60	24.13	810.77	
7	031001001007	镀锌钢管（DN15）	给水系统，螺纹连接,刷银粉两遍	m	13.80	22.18	306.08	
8	031001005001	承插铸铁管（DN100）	排水系统，水泥接口，刷沥青二度	m	165.46	94.05	15561.51	
9	031001005002	承插铸铁管（DN75）	排水系统，水泥接口，刷沥青二度	m	29.70	71.41	2120.88	
10	031001005003	承插铸铁管（DN50）	排水系统，水泥接口，刷沥青二度	m	31.20	43.75	1365.00	
11	031004006001	蹲式大便器	普通阀冲洗蹲式大便器	组	108	157.70	17031.60	
12	031004007001	小便器	普通挂斗式	组	36	102.46	3688.56	
13	031004003001	洗脸盆	普通冷水管	组	24	113.05	2713.20	
14	031004014001	水龙头	DN15	个	12	4.77	57.24	
15	031004014002	地漏	DN50	个	12	27.49	329.88	
16	031004008001	排水栓	DN50	组	12	35.64	427.68	
		合　计					27970.54	

工程量清单综合单价分析表

表 4-6

工程名称：给水排水工程　　　　　　　　　标段：　　　　　　　　　　第 页 共 页

项目编码	031001001001	项目名称	镀锌钢管(DN40)	计量单位	m	工程量	7.92

清单综合单价组成明细

定额编号	定额名称	定额单位	数量	单　价(元)				合　价(元)			
				人工费	材料费	机械费	管理费和利润	人工费	材料费	机械费	管理费和利润
8—91	镀锌钢管安装(DN40)	10m	0.1	60.84	31.98	1.03	131.05	6.084	3.198	0.103	13.105
11—66	管道刷沥青第一遍	10m²	0.015	6.5	1.54	—	14.00	0.098	0.023	—	0.210
11—67	管道刷沥青第二遍	10m²	0.015	6.27	1.37	—	13.51	0.094	0.021	—	0.203
人工单价			小　　计					6.276	3.242	0.103	13.518
23.22 元/工日			未计价材料费					18.45			
清单项目综合单价								41.59			

材料费明细	主要材料名称、规格、型号			单位	数量	单价(元)	合价(元)	暂估单价(元)	暂估合价(元)
	镀锌钢管(DN40)			m	1.02	18.09	18.45	—	—
	其他材料费								
	材料费小计						18.45		

注：管理费及利润以人工费为基数，其中管理费率为 155.4%，利润率为 60%。（下同）

工程量清单综合单价分析表

表 4-7

工程名称：给水排水工程　　　　　　　　　标段：　　　　　　　　　　第 页 共 页

项目编码	031001001002	项目名称	镀锌钢管(DN40)	计量单位	m	工程量	22.80

清单综合单价组成明细

定额编号	定额名称	定额单位	数量	单　价(元)				合　价(元)			
				人工费	材料费	机械费	管理费和利润	人工费	材料费	机械费	管理费和利润
8—91	镀锌钢管安装(DN40)	10m	0.1	60.84	31.98	1.03	131.05	6.084	3.198	0.103	13.105
1—56	管道刷银粉第一遍	10m²	0.015	6.5	4.81	—	14.00	0.098	0.072	—	0.210
11—57	管道刷银粉第二遍	10m²	0.015	6.27	4.37	—	13.51	0.094	0.066	—	0.203
人工单价			小　　计					6.276	3.336	0.103	13.518
23.22 元/工日			未计价材料费					18.45			
清单项目综合单价								41.68			

材料费明细	主要材料名称、规格、型号			单位	数量	单价(元)	合价(元)	暂估单价(元)	暂估合价(元)
	镀锌钢管(DN40)			m	1.02	18.09	18.45	—	—
	其他材料费								
	材料费小计						18.45		

工程量清单综合单价分析表

表 4-8

工程名称:给水排水工程　　　　　　　　标段:　　　　　　　　第　页 共　页

项目编码	031001001003	项目名称	镀锌钢管(DN32)	计量单位	m	工程量	2.64

清单综合单价组成明细

定额编号	定额名称	定额单位	数量	单价(元)				合价(元)			
				人工费	材料费	机械费	管理费和利润	人工费	材料费	机械费	管理费和利润
8—90	镀锌钢管安装(DN32)	10m	0.1	51.08	34.05	1.03	110.03	5.108	3.405	0.103	11.003
11—66	管道刷沥青第一遍	10m²	0.013	6.5	1.54	—	14.00	0.085	0.020	—	0.182
11—67	管道刷沥青第二遍	10m²	0.013	6.27	1.37	—	13.51	0.082	0.018	—	0.176
人工单价			小　计					5.275	3.443	0.103	11.361
23.22 元/工日			未计价材料费					15.16			
清单项目综合单价								35.34			

材料费明细	主要材料名称、规格、型号		单位	数量	单价(元)	合价(元)	暂估单价(元)	暂估合价(元)
	镀锌钢管(DN32)		m	1.02	14.86	15.16	—	—
	其他材料费						—	—
	材料费小计					15.16	—	—

工程量清单综合单价分析表

表 4-9

工程名称:给水排水工程　　　　　　　　标段:　　　　　　　　第　页 共　页

项目编码	031001001004	项目名称	镀锌钢管(DN32)	计量单位	m	工程量	128.80

清单综合单价组成明细

定额编号	定额名称	定额单位	数量	单价(元)				合价(元)			
				人工费	材料费	机械费	管理费和利润	人工费	材料费	机械费	管理费和利润
8—90	镀锌钢管安装(DN32)	10m	0.1	51.08	34.05	1.03	110.03	5.108	3.405	0.103	11.003
11—56	管道刷银粉第一遍	10m²	0.013	6.5	4.81	—	14.00	0.085	0.063	—	0.182
11—57	管道刷银粉第二遍	10m²	0.013	6.27	4.37	—	13.51	0.082	0.057	—	0.176
人工单价			小　计					5.275	3.525	0.103	11.361
23.22 元/工日			未计价材料费					15.16			
清单项目综合单价								35.43			

材料费明细	主要材料名称、规格、型号		单位	数量	单价(元)	合价(元)	暂估单价(元)	暂估合价(元)
	镀锌钢管(DN32)		m	1.02	14.86	15.16	—	—
	其他材料费						—	—
	材料费小计					15.16	—	—

工程量清单综合单价分析表

表 4-10

工程名称：给水排水工程　　　　　　　　标段：　　　　　　　　　第　页　共　页

项目编码	031001001005	项目名称	镀锌钢管（DN25）	计量单位	m	工程量	19.80

清单综合单价组成明细

定额编号	定额名称	定额单位	数量	单　价（元）				合　价（元）			
				人工费	材料费	机械费	管理费和利润	人工费	材料费	机械费	管理费和利润
8—89	镀锌钢管安装（DN25）	10m	0.1	51.08	31.40	1.03	110.03	5.108	3.140	0.103	11.003
11—56	管道刷银粉第一遍	10m²	0.011	6.5	4.81	—	14.00	0.072	0.053	—	0.154
11—57	管道刷银粉第二遍	10m²	0.011	6.27	4.37	—	13.51	0.069	0.048	—	0.149
人工单价			小　计					5.249	3.241	0.103	11.306
23.22元/工日			未计价材料费						11.73		
清单项目综合单价								31.63			

材料费明细	主要材料名称、规格、型号				单位	数量	单价（元）	合价（元）	暂估单价（元）	暂估合价（元）
	镀锌钢管（DN25）				m	1.02	11.50	11.73	—	—
	其他材料费								—	—
	材料费小计							11.73	—	—

工程量清单综合单价分析表

表 4-11

工程名称：给水排水工程　　　　　　　　标段：　　　　　　　　　第　页　共　页

项目编码	031001001006	项目名称	镀锌钢管（DN20）	计量单位	m	工程量	33.60

清单综合单价组成明细

定额编号	定额名称	定额单位	数量	单　价（元）				合　价（元）			
				人工费	材料费	机械费	管理费和利润	人工费	材料费	机械费	管理费和利润
8—88	镀锌钢管安装（DN20）	10m	0.1	42.49	24.23	—	91.52	4.249	2.423		9.152
11—56	管道刷银粉第一遍	10m²	0.0084	6.50	4.81	—	14.0	0.055	0.04		0.118
11—57	管道刷粉第二遍	10m²	0.0084	6.27	4.37	—	13.51	0.053	0.036		0.113
人工单价			小　计					4.357	2.499		9.383
23.22元/工日			未计价材料费						7.89		
清单项目综合单价								24.13			

材料费明细	主要材料名称、规格、型号				单位	数量	单价（元）	合价（元）	暂估单价（元）	暂估合价（元）
	镀锌钢管（DN20）				m	1.02	7.74	7.89	—	—
	其他材料费								—	—
	材料费小计							7.89	—	—

工程量清单综合单价分析表　　　　　　表 4-12

工程名称：给水排水工程　　　　　　　标段：　　　　　　　　第　页　共　页

项目编码	031001001007	项目名称	镀锌钢管(DN15)	计量单位	m	工程量	13.80

清单综合单价组成明细

定额编号	定额名称	定额单位	数量	单　价(元)				合　价(元)			
				人工费	材料费	机械费	管理费和利润	人工费	材料费	机械费	管理费和利润
8-87	镀锌钢管安装(DN15)	10m	0.1	42.49	22.96	—	91.52	4.249	2.296		9.152
11-56	管道刷银粉第一遍	10m²	0.008	6.50	4.81		14.00	0.052	0.038		0.112
11-57	管道刷银粉第二遍	10m²	0.008	6.27	4.37		13.51	0.050	0.035		0.108
人工单价			小　计					4.35	2.37		9.37
23.22元/工日			未计价材料费					6.089			
清单项目综合单价								22.18			

材料费明细	主要材料名称、规格、型号	单位	数量	单价(元)	合价(元)	暂估单价(元)	暂估合价(元)
	镀锌钢管(DN15)	m	1.02	5.97	6.089	—	—
	其他材料费					—	
	材料费小计				6.089	—	

工程量清单综合单价分析表　　　　　　表 4-13

工程名称：给水排水工程　　　　　　　标段：　　　　　　　　第　页　共　页

项目编码	031001005001	项目名称	承插铸铁管(DN100)	计量单位	m	工程量	165.46

清单综合单价组成明细

定额编号	定额名称	定额单位	数量	单　价(元)				合　价(元)			
				人工费	材料费	机械费	管理费和利润	人工费	材料费	机械费	管理费和利润
8-146	承插铸铁管安装(DN100)	10m	0.1	80.34	277.05	—	173.05	8.034	27.705		17.305
11-66	管道刷沥青第一遍	10m²	0.043	6.5	1.54		14.00	0.28	0.07		0.60
11-67	管道刷沥青第二遍	10m²	0.043	6.27	1.37		13.51	0.27	0.06		0.58
人工单价			小　计					8.58	27.83		18.48
23.22元/工日			未计价材料费					39.16			
清单项目综合单价								94.05			

材料费明细	主要材料名称、规格、型号	单位	数量	单价(元)	合价(元)	暂估单价(元)	暂估合价(元)
	承插铸铁排水管(DN100)	m	0.89	44.00	39.16	—	—
	其他材料费						—
	材料费小计				39.16		—

工程量清单综合单价分析表　　　　　　　　表 4-14

工程名称：给水排水工程　　　　　　　　标段：　　　　　　　第　页　共　页

项目编码	031001005002	项目名称	承插铸铁管（DN75）	计量单位	m	工程量	29.70

清单综合单价组成明细

定额编号	定额名称	定额单位	数量	单　价（元）				合　价（元）			
				人工费	材料费	机械费	管理费和利润	人工费	材料费	机械费	管理费和利润
8—145	承插铸铁管安装（DN75）	10m	0.1	62.23	186.95	—	134.04	6.223	18.695	—	13.404
11—66	管道刷沥青第一遍	10m²	0.034	6.5	1.54		14.00	0.22	0.05	—	0.48
11—67	管道刷沥青第二遍	10m²	0.034	6.27	1.37		13.51	0.21	0.05	—	0.46
人工单价		小　计						6.65	18.8	—	14.34
23.22 元/工日		未计价材料费						31.62			
清单项目综合单价								71.41			

材料费明细	主要材料名称、规格、型号	单位	数量	单价（元）	合价（元）	暂估单价（元）	暂估合价（元）
	承插铸铁管（DN75）	m	0.96	34.00	31.62	—	—
	其他材料费					—	—
	材料费小计				31.62	—	—

工程量清单综合单价分析表　　　　　　　　表 4-15

工程名称：给水排水工程　　　　　　　　标段：　　　　　　　第　页　共　页

项目编码	031001005003	项目名称	承插铸铁管（DN50）	计量单位	m	工程量	31.20

清单综合单价组成明细

定额编号	定额名称	定额单位	数量	单　价（元）				合　价（元）			
				人工费	材料费	机械费	管理费和利润	人工费	材料费	机械费	管理费和利润
8—144	承插铸铁管安装（DN50）	10m	0.1	52.01	81.40	—	112.03	5.201	8.140	—	11.203
11—66	管道刷沥青第一遍	10m²	0.023	6.5	1.54		14.00	0.15	0.04	—	0.32
11—67	管道刷沥青第二遍	10m²	0.023	6.27	1.37		13.51	0.14	0.03	—	0.31
人工单价		小　计						5.49	8.21	—	11.83
23.22 元/工日		未计价材料费						18.216			
清单项目综合单价								43.75			

材料费明细	主要材料名称、规格、型号	单位	数量	单价（元）	合价（元）	暂估单价（元）	暂估合价（元）
	承插铸铁排水管（DN50）	m	0.88	20.7	18.216	—	—
	其他材料费						
	材料费小计				18.216	—	—

工程量清单综合单价分析表

表 4-16

工程名称：给水排水工程　　　　　　　　标段：　　　　　　　　第 页 共 页

| 项目编码 | 031004006001 | 项目名称 | | 大便器 | 计量单位 | 组 | 工程量 | 108 |

清单综合单价组成明细

定额编号	定额名称	定额单位	数量	单 价（元）				合 价（元）			
				人工费	材料费	机械费	管理费和利润	人工费	材料费	机械费	管理费和利润
8－409	蹲式大便器安装	10 套	0.1	133.75	599.69	—	288.10	13.375	59.969	—	28.810
人工单价			小　计					13.375	59.969	—	28.810
23.22 元/工日			未计价材料费					55.55			
清单项目综合单价								157.70			

材料费明细	主要材料名称、规格、型号	单位	数量	单价（元）	合价（元）	暂估单价（元）	暂估合价（元）
	瓷蹲式大便器	个	1.01	55.00	55.55		
	其他材料费					—	
	材料费小计				55.55	—	

工程量清单综合单价分析表

表 4-17

工程名称：给水排水工程　　　　　　　　标段：　　　　　　　　第 页 共 页

| 项目编码 | 031004007001 | 项目名称 | | 小便器 | 计量单位 | 组 | 工程量 | 36 |

清单综合单价组成明细

定额编号	定额名称	定额单位	数量	单 价（元）				合 价（元）			
				人工费	材料费	机械费	管理费和利润	人工费	材料费	机械费	管理费和利润
8－418	挂斗式小便器安装	10 套	0.1	78.02	354.31	—	168.06	7.802	35.431	—	16.806
人工单价			小　计					7.802	35.431	—	16.806
23.22 元/工日			未计价材料费					42.42			
清单项目综合单价								102.46			

材料费明细	主要材料名称、规格、型号	单位	数量	单价（元）	合价（元）	暂估单价（元）	暂估合价（元）
	挂斗式小便器	个	1.01	42.00	42.42		
	其他材料费					—	
	材料费小计				42.42	—	

工程量清单综合单价分析表

表 4-18

工程名称：给水排水工程　　　　　　　　标段：　　　　　　　　第 页 共 页

| 项目编码 | 031004003001 | 项目名称 | | 洗脸盆 | 计量单位 | 组 | 工程量 | 24 |

清单综合单价组成明细

定额编号	定额名称	定额单位	数量	单 价（元）				合 价（元）			
				人工费	材料费	机械费	管理费和利润	人工费	材料费	机械费	管理费和利润
8－382	洗脸盆	10 组	0.1	109.60	466.63	—	236.08	10.960	46.663	—	23.608
人工单价			小　计					10.960	46.663	—	23.608
23.22 元/工日			未计价材料费					31.815			
清单项目综合单价								113.05			

材料费明细	主要材料名称、规格、型号	单位	数量	单价（元）	合价（元）	暂估单价（元）	暂估合价（元）
	洗脸盆	个	1.01	31.5	31.815		
	其他材料费						
	材料费小计				31.815	—	—

工程量清单综合单价分析表　　　　　　　　　　表 4-19

工程名称：给水排水工程　　　　　　　　　　标段：　　　　　　　第 页 共 页

项目编码	031004014001	项目名称	水龙头	计量单位	个	工程量	12

清单综合单价组成明细

定额编号	定额名称	定额单位	数量	单 价（元）				合 价（元）			
				人工费	材料费	机械费	管理费和利润	人工费	材料费	机械费	管理费和利润
8-438	水龙头	10个	0.1	6.50	0.98		14.00	0.650	0.098		1.400
人工单价			小　计					0.650	0.098		1.400
23.22元/工日			未计价材料费					2.626			
	清单项目综合单价							4.77			

材料费明细	主要材料名称、规格、型号	单位	数量	单价（元）	合价（元）	暂估单价（元）	暂估合价（元）
	铜水管	个	1.01	2.60	2.626		
	其他材料费						
	材料费小计				2.626	—	—

工程量清单综合单价分析表　　　　　　表 4-20

工程名称：给水排水工程　　　　　　　　　　标段：　　　　　　　第 页 共 页

项目编码	031004014002	项目名称	地漏	计量单位	个	工程量	12

清单综合单价组成明细

定额编号	定额名称	定额单位	数量	单 价（元）				合 价（元）			
				人工费	材料费	机械费	管理费和利润	人工费	材料费	机械费	管理费和利润
8-447	地漏（DN50）	10个	0.1	37.15	18.73	—	80.02	3.715	1.873		8.002
人工单价			小　计					3.715	1.873		8.002
23.22元/工日			未计价材料费					13.9			
	清单项目综合单价							27.49			

材料费明细	主要材料名称、规格、型号	单位	数量	单价（元）	合价（元）	暂估单价（元）	暂估合价（元）
	地漏（DN50）	个	1	13.9	13.9	—	—
	其他材料费						
	材料费小计				13.9	—	—

工程量清单综合单价分析表

表 4-21

工程名称：给水排水工程　　　　　　　　　　　标段：　　　　　　　第　页　共　页

项目编码	031004008001	项目名称	排水栓	计量单位	组	工程量	12

清单综合单价组成明细

定额编号	定额名称	定额单位	数量	单　价（元）				合　价（元）			
				人工费	材料费	机械费	管理费和利润	人工费	材料费	机械费	管理费和利润
8－443	排水栓（DN50）	10组	0.1	44.12	77.28	—	95.03	4.41	7.73	—	9.50
人工单价			小　计					4.41	7.73	—	9.50
23.22 元/工日			未计价材料费					14.00			
清单项目综合单价								35.64			

材料费明细	主要材料名称、规格、型号	单位	数量	单价（元）	合价（元）	暂估单价（元）	暂估合价（元）
	排水栓（带链堵）	套	1	14.00	14.00		
	其他材料费				—		
	材料费小计				14.00	—	—

精讲实例5
某高新产业楼通风空调工程设计

5.1　简要工程概况

某高新产业楼 D 座一层的通风空调设计中，D 座首层门厅、展厅设全空气空调系统（K－1），系统风量 10000m³/h、气流组织顶送顶回，机组设在地下一层；D 座首层办公室及职工餐厅设一风机盘管加独立新风系统（X－1），新风风量 3750m³/h，新风机组设于首层。

该空调系统风管均采用镀锌钢板制作，其厚度见表 5-1。

镀锌钢板制作厚度　　　　　　　　　　　表 5-1

风管尺寸(最大边长)(mm)	<200	201～500	501～1120	1121～1400	>1401～2000
钢板厚度(mm)	0.5	0.75	1.0	1.2	1.5

排烟风管采用普通钢板制作，厚度见表 5-2。

普通钢板制作厚度　　　　　　　　　　　表 5-2

风管尺寸(长边)(mm)	≤200	201～500	501～1120	1121～2000
钢板厚度(mm)	1.0	1.0	1.5	2.0

空调风管连接形式均为咬口连接，风管保温层材料采用可发性聚氨酯泡沫塑料，厚度为 60mm，防潮层采用油毡纸，外缠玻璃布保护层，再刷两道防锈漆。主要的通风设备见表 5-3。

通风空调使用的主要设备　　　　　　　　表 5-3

序号	系统编号	设备名称	主要性能	单位	数量	备注
1	K－D－1	空调机组	$L=15000\text{m}^3/\text{h}$, $H=350\text{Pa}$, $N=11\text{kW}$, $\theta=100\text{kW}$	台	1	配中效过滤器
2	K－D－2	空调机组	$L=18000\text{m}^3/\text{h}$, $H=360\text{Pa}$, $N=11\text{kW}$, $\theta=127\text{kW}$	台	1	配中效过滤器
3	K－D－3	空调机组	$L=20000\text{m}^3/\text{h}$, $H=370\text{Pa}$, $N=11\text{kW}$, $\theta=135\text{kW}$	台	1	配中效过滤器
4	X－D－1	立式新风机组	$L=12000\text{m}^3/\text{h}$, $H=300\text{Pa}$, $N=2\times1.5\text{kW}$, $\theta=60\text{kW}$	台	1	无加湿

续表

序号	系统编号	设备名称	主要性能	单位	数量	备注
5	—	风机盘管 FP—10	（中档）$L=800\text{m}^3/\text{h}$，$\theta=4.9\text{kW}$，$N=75\text{W}$，220V	台	4	
6	—	风机盘管 FP—8	（中档）$L=640\text{m}^3/\text{h}$，$\theta=3.45\text{kW}$，$N=60\text{W}$，220V	台	10	
7	—	风机盘管 FP—6.3	（中档）$L=460\text{m}^3/\text{h}$，$\theta=3.2\text{kW}$，$N=50\text{W}$，220V	台	4	
8	P—D—1	排风机	$L=20000\text{m}^3/\text{h}$，$N=3\text{kW}$，$H=300\text{Pa}$，$n=1450\text{r/min}$	台	1	
9	—	吊顶排气扇 Pθ—40	$L=400\text{m}^3/\text{h}$，$N=60\text{W}$，220V	台	2	
10	—	吊顶排气扇 Pθ—09	$L=90\text{m}^3/\text{h}$，$N=22\text{W}$，220V	台	1	

5.2　工程图纸识读

1. 读图要点

通风空调工程施工图主要由基本图和详图组成，其中基本图包括平面图、剖面图和系统图；详图主要有部件的加工及安装详图。

1）通风空调工程平面图

通风空调工程平面图主要反映了通风设备、管道的平面布置情况，管件的类型等。

平面图的读图要点：

（1）了解风管的规格尺寸、送、回风口的规格尺寸等；

（2）了解管道、各通风部件的平面位置及安装相对位置；

（3）了解通风系统的种类及个数。

2）通风空调工程剖面图

通风空调工程剖面图主要反映了管道及设备的垂直布置情况、管道标高。

剖面图的读图要点：

（1）了解此剖面图的剖切位置，结合平面图读图；

（2）了解风管及各通风部件的立面布置情况、安装位置；

（3）了解风管的型号规格及安装标高。

3）通风空调工程轴测图

通风空调工程轴测图主要反映了管道及设备的空间布置情况。

轴测图的读图要点：

（1）整体了解管道的位置及走向情况；

（2）了解风管的规格、长度尺寸及各部件的规格型号；

（3）了解风管及各通风部件的标高。

4）详图

详图主要是用来表达其他图纸无法表达清楚的内容，主要反映了管道、设备的构造、安装情况。详图可表明风管、部件及附属设备制作安装的具体形式和方法。

识读顺序：按照系统图或原理图、平面图、剖面图、详图的顺序，并按照空气流动方向逐段识读。

送风系统可按进风口、进风管道、空气处理器或通风机、主干风管、分支风管、送风机顺序识读。

排风系统可按排风口、排风管道、除尘设备、风机至出风口顺序识读。

2. 某高新产业楼 D 座通风空调工程图纸

某高新产业楼 D 座通风空调施工图见图 5-1 所示。

3. 识图举例

以图 5-1 某高新产业楼 D 座一层空调平面图为例，从此图中可以了解以下内容。

1）排风系统

某高新产业楼一层有 3 个排风系统，分别为 P-D-1 排风机、吊顶式排气扇 Pθ-40、吊顶式排气扇 Pθ-09，以 P-D-1 排风机为例进行说明。

③④轴和Ⓑ Ⓒ轴之间有两个 400mm×330mm 的联动百叶排风口，回风经 630mm×400mm 的排风管道送入带导流片的弯头进入 800mm×400mm 的排风管道，在800mm×400mm 的排风管道上有两个 400mm×330mm 的联动百叶排风口，再经手动对开多叶调节阀 800mm×400mm 流入 1250mm×400mm 的排风管道；在④⑤轴和Ⓒ Ⓓ轴之间，400mm×400mm 的排风管道上有一个 400mm×300mm 的单层百叶排风口，流入 500mm×400mm 的排风管道，在 500mm×400mm 的排风管道上有一个400mm×300mm 的单层百叶排风口，流入 800mm×400mm 的排风管道，在 800mm×400mm 的排风管道上有一个 400mm×300mm 的单层百叶排风口，流入到 1250mm×400mm 的排风管道；③④轴和Ⓓ Ⓔ轴之间有一个 400mm×330mm 的联动百叶排风口，回风经 500mm×320mm 的排风管道及调节阀进入 1250mm×400mm 的排风管道；在 1250mm×400mm 的排风管道汇入的回风流入 P-D-1 排风机。

2）送风系统

某高新产业楼一层有 7 个送风系统，分别为 K-D-1、K-D-2、K-D-3、X-D-1、FP-10、FP-8、FP-6.3，以 K-D-1 为例进行说明。

K-D-1 位于①②轴和 BC 轴之间的空调机房，送风经手动对开多叶调节阀 1250×400 及双层阻抗复式消声器 1250×400 流入 1250mm×400mm 的送风管道，在此有两个分支，其中一个分支经阀门进入 500mm×400mm 的送风管道，在 500mm×400mm 的送风管道上有 500mm×400mm 的单层百叶送风口；另外一个分支送入1000mm×400mm 的送风管道中，在此有两个分支，其中一个经阀门送入 400mm×400mm 的送风管道，在 400mm×400mm 的管道有一个 400mm×400mm 的单层百叶送风口；1000mm×400mm 的另外一个分支送入 800mm×400mm 的送风管道，在800mm×400mm 的管道上有一个 500mm×400mm 的单层百叶送风口，再经 500mm×

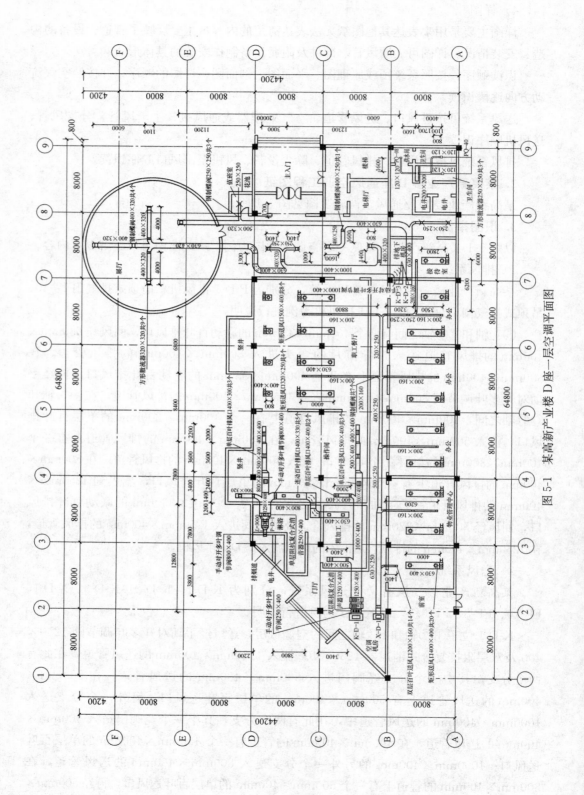

图 5-1 某高新产业楼 D 座一层空调平面图

400mm 的送风管道送入 400mm×400mm 的送风管道，在 500mm×400mm 的管道上有一个 500mm×400mm 的单层百叶送风口，在 400mm×400mm 的管道上有一个 400mm×400mm 的单层百叶送风口。

5.3 工程量计算规则

1. 清单工程量计算规则

某高新产业楼通风空调工程涉及的项目编码及清单工程量计算规则见表 5-4。

清单工程量计算规则   表 5-4

项目编码	项目名称	工程量计算规则
030702001	碳钢通风管道	按设计图示内径尺寸以展开面积计算
030703001	碳钢阀门	按设计图示数量计算
030703007	碳钢风口、散流器、百叶窗	按设计图示数量计算
030701003	空调器	按设计图示数量计算
030701004	风机盘管	按设计图示数量计算
030108001	离心式通风机	按设计图示数量计算
030108003	轴流通风机	按设计图示数量计算
030703020	消声器	按设计图示数量计算

2. 定额工程量计算规则

某高新产业楼通风空调工程涉及设备的定额工程量计算规则如下：

（1）矩形风管按图示周长乘以管道中心线长度计算，风管长度一律以施工图示中心线长度为准（主管与支管以其中心线交点划分），包括弯头、三通、变径管、天圆地方等管件的长度，但不得包括部件所占长度.

（2）风管导流叶片制作安装按图示叶片的面积计算.

（3）标准部件的制作，按其成品质量以"kg"为计量单位，根据设计型号、规格执行"国际通风部件标准质量表"计算质量；部件的安装按图示规格尺寸（周长或直径）以"个"为计量单位，分别执行相应定额。

（4）风机盘管安装按安装方式不同以"台"为计量单位。

（5）风机安装按设计不同型号以"台"为计量单位。

（6）保温层、防潮层和保护层的计算规则同实例三。

5.4 工程算量讲解部分

【解】 一、清单工程量计算

1. 碳钢风管工程量

1）碳钢风管 1250mm×400mm 工程量

$$L=(1.2+3.8)m=5.0m$$

则 $S=2\times(A+B)\times L=2\times(1.25+0.4)\times 5.0m^2=16.50m^2$

2）碳钢风管 1000mm×400mm 工程量

$$L=7.8+(1/2\times\pi R_1+12.3)=(20.1+1/2\times 3.14\times 1.2)m=21.98m$$

则 $S=2\times(1.0+0.4)\times 21.98m^2=61.54m^2$

3）风管 800×400 工程量

$L=(1.4+2.4+3.8-0.21/$手动对开多叶调节阀800mm×400mm 长度$+3.4)m$
$=10.79m$

则 $S=2\times(0.8+0.4)\times 10.79m^2=25.90m^2$

4）风管 630mm×400mm 工程量

$L=[1/2\pi R_2\times 2+0.6+3.4)+4.0\times(8+4)+2.8\times 2+(6.0-0.21/$手动对开多
叶调节阀630mm×400mm 长度$+1/2\times\pi R_2+6.0]+(3.0+1/2\times\pi R_2\times 2+$
$1.3+11.2)$

$=(84.1+1/2\times 3.14\times 0.8\times 5)m$

$=91.17m$

则 $S=2\times(0.63+0.4)\times 91.17m^2=187.81m^2$

5）风管 630mm×250mm 工程量

$L=(12.8-0.21/$手动对开多叶调节阀630mm×250mm 长度$)m=12.59m$

则 $S=2\times(0.63+0.25)\times 12.59m^2=22.16m^2$

6）风管 500mm×400mm 工程量

$L=(3.6+2.4-0.21/$手动对开多叶调节阀500mm×400mm 长度$+3.6)m=9.39m$

则 $S=2\times(0.5+0.4)\times 9.39m^2=16.90m^2$

7）风管 500mm×320mm 工程量

$L=1/2\pi R_2+2.2-0.15/$钢制蝶阀 500mm×320mm 长度$+20=(22.05+1/2\times$
$3.14\times 0.8)m$

$=23.31m$

则 $S=2\times(0.5+0.32)\times 23.31m^2=38.23m^2$

8）风管 500mm×250mm 工程量

$L=7.8m$

则 $S=2\times(0.5+0.25)\times 7.8m^2=11.70m^2$

9）风管 400mm×400mm 工程量

$L=(2.0+2.0-0.21/$手动对开多叶调节阀400mm×400mm 长度$+2.2+0.8\times 4)m$
$=9.19m$

则 $S=2\times(0.4+0.4)\times 9.19m^2=14.70m^2$

10）风管 400mm×320mm 工程量

$L=\{[1/2\pi R_3\times 2+1.4-0.15/($蝶阀 400mm×320mm 长度$+0.8)]+(1/2\pi R_3+$
$1.0-0.15/($蝶阀 400mm×320mm 长度$)+(1/2\pi R_3+4.0-0.15/$蝶阀

400mm×320mm 长度)×2+6.0+1.1}m

$=(17.70+1/2×3.14×0.5×5)m$

$=21.62m$

则 $S=2×(0.4+0.32)×21.62m^2=31.13m^2$

11) 风管 400mm×250mm 工程量

$L=[8.4+(1/2πR_3×2+1.6-0.15/钢制蝶阀 400mm×250mm 长度+1.6)]m$

$=(11.45+1/2×3.14×0.5×2)m$

$=13.02m$

则 $S=2×(0.4+0.25)×13.02m^2=16.93m^2$

12) 风管 320mm×250mm 工程量

$L=6.8m$

则 $S=2×(0.32+0.25)×6.8m^2=7.75m^2$

13) 风管 250mm×250mm 工程量

$L=[(3.2-0.15/钢制蝶阀 250mm×250mm)+(4.0-0.15/钢制蝶阀 250mm×$
$250mm)+(1/2πR_3+1.4)×2+(1/2πR_3+1.7-0.15/钢制蝶阀 250mm×$
$250mm)]m$

$=(11.25+1/2×3.14×0.5×3)m$

$=13.60m$

则 $S=2×(0.25+0.25)×13.60m^2=13.60m^2$

14) 风管 200mm×200mm 工程量

$L=1.7m$

则 $S=2×(0.2+0.2)×1.7m^2=1.36m^2$

15) 风管 200mm×160mm 工程量

$L=[(1/2πR_3+8.8-0.15/钢制蝶阀 200mm×160mm 长度)×2+(1/2πR_3+6.2$
$-0.15/钢制蝶阀 200mm×160mm 长度)×3+(1.4-0.15/钢制蝶阀 200mm×$
$160mm 长度)+(3.5+1/2πR_3+6.2-0.15/钢制蝶阀 200mm×160mm 长度)]m$

$=50.96m$

则 $S=2×(0.2+0.16)×50.96m^2=36.69m^2$

16) 风管 120mm×120mm 工程量

$L=(1.6+1/2×πR_3+1.6)+1.1+1/2×πR_3×2+1.4+0.8$

$=(6.5+1/2×3.14×0.5×3)m$

$=8.86m$

则 $S_2×(0.12+0.12)×8.86m^2=4.25m^2$

2. 碳钢调节阀制作安装

1) 手动对开多叶调节阀制作安装

(1) 手动对开多叶调节阀 1250mm×400mm 的安装工程量为：1 个

(2) 手动对开多叶调节阀 1000mm×400mm 的安装工程量为：1 个

（3）手动对开多叶调节阀 800mm×400mm 的安装工程量为：2 个

（4）手动对开多叶调节阀 630mm×400mm 的安装工程量为：1 个

（5）手动对开多叶调节阀 630mm×250mm 的安装工程量为：1 个

（6）手动对开多叶调节阀 500mm×400mm 的安装工程量为：1 个

（7）手动对开多叶调节阀 400mm×400mm 的安装工程量为：1 个

2）钢制蝶阀制作安装

（1）钢制蝶阀 500mm×320mm 的安装工程量为：1 个

（2）钢制蝶阀 400mm×320mm 的安装工程量为：4 个

（3）钢制蝶阀 400mm×250mm 的安装工程量为：1 个

（4）钢制蝶阀 250mm×250mm 的安装工程量为：3 个

（5）钢制蝶阀 200mm×160mm 的安装工程量为：7 个

3. 碳钢风口制作安装

1）单层百叶排风口制作安装

（1）单层百叶排风口 500mm×400mm 的安装工程量为：3 个

（2）单层百叶排风口 400mm×400mm 的安装工程量为：2 个

（3）单层百叶排风口 400mm×300mm 的安装工程量为：3 个

2）双层百叶风口制作安装

双层百叶风口 200mm×160mm 的安装工程量为：14 个

3）矩形风口制作安装

（1）矩形风口 500mm×400mm 的安装工程量为：8 个

（2）矩形风口 400mm×400mm 的安装工程量为：20 个

（3）矩形风口 320mm×250mm 的安装工程量为：4 个

4）连动百叶风口制作安装

（1）连动百叶风口 320mm×320mm 的安装工程量为：9 个

（2）连动百叶风口 250mm×250mm 的安装工程量为：3 个

4. 通风及空调设备制作安装

1）空调器制作安装

（1）空调机组 K-D-1 的安装工程量为：1 台

（2）空调机组 K-D-2 的安装工程量为：1 台

（3）空调机组 K-D-3 的安装工程量为：1 台

（4）立式新风机组 X-D-1 的安装工程量为：1 台

2）风机盘管制作安装

（1）风机盘管 FP-10 的安装工程量为：4 台

（2）风机盘管 FP-8 的安装工程量为：10 台

（3）风机盘管 FP-6.3 的安装工程量为：4 台

3）通风机制作安装

（1）排风机 P-D-1 的安装工程量为：1 台

（2）吊顶式排气扇 $P\theta$-40 的安装工程量为：2 台

（3）吊顶式排气扇 $P\theta$-09 的安装工程量为：1 台

5. 通风管道其他部件制作安装

清声器制作安装：

（1）单层阻抗复合式消声器 1250mm×400mm 的制作安装：

查 T701-6，1250mm×400mm（95.50kg/个）安装 1 个，则制作工程量为 $1 \times$ 95.50kg＝95.50kg

（2）双层阻抗复合式消声器 1250mm×400mm 的制作安装：

查 T701-6，双层阻抗复合式消声器 1250mm×400mm（2×95.50kg/个＝ 191.00kg/个），安装1个，则制作工程量为 1×191.00kg＝191.00kg

清单工程量计算见表 5-5。

清单工程计算表

表 5-5

序号	项目编码	项目名称	项目特征描述	计量单位	工程量
1	030702001001	碳钢风管制作安装	1250mm×400mm	m²	16.50
2	030702001002	碳钢风管制作安装	1000mm×400mm	m²	61.54
3	030702001003	碳钢风管制作安装	800mm×400mm	m²	25.90
4	030702001004	碳钢风管制作安装	630mm×400mm	m²	187.81
5	030702001005	碳钢风管制作安装	630mm×250mm	m²	22.16
6	030702001006	碳钢风管制作安装	500mm×400mm	m²	16.90
7	030702001007	碳钢风管制作安装	500mm×320mm	m²	38.23
8	030702001008	碳钢风管制作安装	500mm×250mm	m²	11.70
9	030702001009	碳钢风管制作安装	400mm×400mm	m²	14.70
10	030702001010	碳钢风管制作安装	400mm×320mm	m²	31.15
11	030702001011	碳钢风管制作安装	400mm×250mm	m²	16.93
12	030702001012	碳钢风管制作安装	320mm×250mm	m²	7.75
13	030702001013	碳钢风管制作安装	250mm×250mm	m²	13.60
14	030702001014	碳钢风管制作安装	200mm×200mm	m²	1.36
15	030702001015	碳钢风管制作安装	200mm×160mm	m²	36.69
16	030702001016	碳钢风管制作安装	120mm×120mm	m²	4.25
17	030703001001	碳钢调节阀制作安装	手动对开多叶，1250mm×400mm	个	1
18	030703001002	碳钢调节阀制作安装	手动对开多叶，1000mm×400mm	个	1
19	030703001003	碳钢调节阀制作安装	手动对开多叶，800mm×400mm	个	2
20	030703001004	碳钢调节阀制作安装	手动对开多叶，630mm×400mm	个	1
21	030703001005	碳钢调节阀制作安装	手动对开多叶，630mm×250mm	个	1
22	030703001006	碳钢调节阀制作安装	手动对开多叶，500mm×400mm	个	1
23	030703001007	碳钢调节阀制作安装	手动对开多叶，400mm×400mm	个	1

序号	项目编码	项目名称	项目特征描述	计量单位	工程量
24	030703001008	碳钢调节阀制作安装	钢制蝶阀，500mm×320mm	个	1
25	030703001009	碳钢调节阀制作安装	钢制蝶阀，400mm×320mm	个	4
26	030703001010	碳钢调节阀制作安装	钢制蝶阀，400mm×250mm	个	1
27	030703001011	碳钢调节阀制作安装	钢制蝶阀，250mm×250mm	个	3
28	030703001012	碳钢调节阀制作安装	钢制蝶阀，200mm×160mm	个	7
29	030703007001	碳钢风口制作安装	单层百叶，500mm×400mm	个	3
30	030703007002	碳钢风口制作安装	单层百叶，400mm×400mm	个	2
31	030703007003	碳钢风口制作安装	单层百叶，400mm×300mm	个	3
32	030703007004	碳钢风口制作安装	双层百叶，200mm×160mm	个	14
33	030703007005	碳钢风口制作安装	矩形风口，500mm×400mm	个	8
34	030703007006	碳钢风口制作安装	矩形风口，400mm×400mm	个	20
35	030703007007	碳钢风口制作安装	矩形风口，320mm×250mm	个	4
36	030703007008	碳钢风口制作安装	连动百叶风口，400mm×330mm	个	5
37	030703007009	碳钢风口制作安装	方形散流器，320mm×320mm	个	9
38	030703007010	碳钢风口制作安装	方形散流器，250mm×250mm	个	3
39	030701003001	空调器	空调机组 K-D-1	台	1
40	030701003002	空调器	空调机组 K-D-2	台	1
41	030701003003	空调器	空调机组 K-D-3	台	1
42	030701003004	空调器	立式新风机组，X-D-1	台	1
43	030701004001	风机盘管	FP-10	台	4
44	030701004002	风机盘管	FP-8	台	10
45	030701004003	风机盘管	FP-6.3	台	4
46	030108001001	离心式通风机	排风机 P-D-1	台	1
47	030108003001	轴流式通风机	吊顶式排气扇 Pθ-40	台	2
48	030108003002	轴流式通风机	吊顶式排气扇 Pθ-09	台	1
49	030703020001	消声器制作安装	单层阻抗复合式，1250mm×400mm	个	1
50	030703020002	消声器制作安装	双层阻抗复合式，1250mm×400mm	个	1

二、定额工程量计算

1. 碳钢风管工程量

除了风管弯头导流叶片工程量之外，碳钢风管定额工程量同清单工程量。

(1) 风管 1000mm×400mm 弯头导流叶片工程量：

$F = r\theta b = R_2 \times \pi/4 \times 0.4 m^2 = 0.38 m^2$

(2) 风管 630mm×400mm 弯头导流叶片工程量：

$F = r\theta b = R_2 \times \pi/4 \times 0.4 \times 4 m^2 = 0.8 \times 3.14/4 \times 0.4 \times 4 m^2 = 1.00 m^2$

2. 碳钢调节阀制作安装

1) 手动对开多叶调节阀制作安装

（1）手动对开多叶调节阀 1250mm×400mm 制作安装

① 制作：查 T308-1，1250mm×400mm（27.40kg/个）安装 1 个，则制作工程量为：1×27.40kg＝27.40kg

查 9-62 套定额子目。

② 安装：周长为 2×(1250＋400)mm＝3300mm

查 9-85 套定额子目。

（2）手动对开多叶调节阀 1000mm×400mm 制作安装

① 制作：查 T308-1，1000mm×400mm（22.40kg/个）安装 1 个，则制作工程量为：1×22.40kg＝22.40kg

查 9-62 套定额子目。

② 安装：周长为 2×(1000＋400)mm＝2800mm

查 9-85 套定额子目。

（3）手动对开多叶调节阀 800mm×400mm 制作安装

① 制作：查 T308-1，800mm×400mm（19.10kg/个）安装 2 个，则制作工程量为：2×19.10kg＝38.20kg

查 9-62 套定额子目。

② 安装：周长为 2×（800＋400）mm＝2400mm

查 9-84 套定额子目。

（4）手动对开多叶调节阀 630mm×400mm 制作安装

① 制作：查 T308-1，630mm×400mm（16.50kg/个）安装 1 个，则制作工程量为：1×16.50kg＝16.50kg

查 9-62 套定额子目。

② 安装：周长为 2×(630＋400)mm＝2060mm

查 9-84 套定额子目。

（5）手动对开多叶调节阀 630mm×250mm 制作安装

① 制作：查 T308-1，630mm×250mm（13.70kg/个）安装 1 个，则制作工程量为：1×13.70kg＝13.70kg

查 9-62 套定额子目。

② 安装：周长为 2×(630＋250)mm＝1760mm

查 9-84 套定额子目。

（6）手动对开多叶调节阀 500mm×400mm 制作安装

① 制作：查 T308-1，500mm×400mm（14.20kg/个）安装 1 个，则制作工程量为：1×14.20kg＝14.20kg

查 9-62 套定额子目。

② 安装：周长为 2×(500＋400)mm＝1800mm

查 9-84 套定额子目。

（7）手动对开多叶调节阀 400mm×400mm 制作安装

① 制作：查 T308－1，400mm×400mm（13.10kg/个）安装 1 个，则制作工程量为：1×13.10kg＝13.10kg

查 9－62 套定额子目。

② 安装：周长为 2×(400＋400)mm＝1600mm

查 9－84 套定额子目。

2）钢制蝶阀制作安装

（1）钢制蝶阀 500mm×320mm 制作安装

① 制作：查矩形 T302－9，500mm×320mm（13.85kg/个）安装 2 个，则制作工程量为：1×13.85kg＝13.85kg

查 9－53 套定额子目。

② 安装：周长为 2×(500＋320)mm＝1640mm

查 9－74 套定额子目。

（2）钢制蝶阀 400mm×320mm 制作安装

① 制作：查矩形 T302－9，400mm×320mm（12.13kg/个）安装 4 个，则制作工程量为：4×12.13kg＝48.52kg

查 9－53 套定额子目。

② 安装：周长为 2×(400＋320)mm＝1440mm

查 9－73 套定额子目。

（3）钢制蝶阀 400mm×250mm 制作安装

① 制作：查矩形 T302－9，400mm×250mm（7.12kg/个）安装 1 个，则制作工程量为：1×7.12kg＝7.12kg

查 9－53 套定额子目。

② 安装：周长为 2×(400＋250)mm＝1300mm

查 9－73 套定额子目。

（4）钢制蝶阀 250mm×250mm 制作安装

① 制作：查矩形 T302－9，250mm×250mm（5.60kg/）个安装 3 个，则制作工程量为：3×5.60kg＝16.80kg

查 9－53 套定额子目。

② 安装：周长为 2×(250＋250)mm＝1000mm

查 9－73 套定额子目。

（5）钢制蝶阀 200mm×160mm 制作安装

① 制作：查矩形 T302－9，200mm×160mm（4.60kg/个）安装 7 个，则制作工程量为：7×4.60kg＝32.20kg

查 9－53 套定额子目。

② 安装：周长为 2×(200＋160)mm＝720mm

查 9－72 套定额子目。

3. 碳钢风口制作安装

1）单层百叶风口制作安装

（1）单层百叶风口 500mm×400mm 制作安装

① 制作：查单层百叶风口 T202－2，500mm×400mm（3.15kg/个）安装 3 个，则制作工程量为：3×3.15kg＝9.45kg

查 9－95 套定额子目。

② 安装：周长为 2×（500＋400）mm＝1800mm

查 9－135 套定额子目。

（2）单层百叶风口 400mm×400mm 制作安装

① 制作：查单层百叶风口 T202－2，400mm×400mm（2.50kg/个）安装 2 个，则制作工程量为：2×2.50kg＝5.00kg

查 9－95 套定额子目。

② 安装：周长为 2×（400＋400）mm＝1600mm

查 9－135 套定额子目。

（3）单层百叶风口 400mm×300mm 制作安装

① 制作：查单层百叶风口 T202－2，400mm×300mm（2.20kg/个）安装 3 个，则制作工程量为：3×2.20kg＝6.60kg

查 9－95 套定额子目。

② 安装：周长为 2×（400＋300）mm＝1400mm

查 9－135 套定额子目。

2）双层百叶风口制作安装

双层百叶风口 200mm×160mm 制作安装

① 制作：查双层百叶风口 T202－2，200mm×160mm（1.75kg/个）安装 14 个，则制作工程量为：14×1.75kg＝24.50kg

查 9－96 套定额子目。

② 安装：周长为 2×（200＋160）mm＝720mm

查 9－133 套定额子目。

3）矩形风口制作安装

（1）矩形风口 500mm×400mm 制作安装

① 制作：查 T203，500mm×400mm（24.50kg/个）安装 8 个，则制作工程量为：8×24.50kg＝196.00kg

查 9－103 套定额子目。

② 安装：周长为 2×（500＋400）mm＝1800mm

查 9－140 套定额子目。

（2）矩形风口 400mm×400mm 制作安装

① 制作：查 T203，400mm×400mm（19.80kg/个）安装 20 个，则制作工程量为：20×19.80kg＝396.00kg

查9—103套定额子目。

② 安装：周长为2×(400+400)mm＝1600mm

查9—140套定额子目。

（3）矩形风口320mm×250mm制作安装

① 制作：查T203，320mm×250mm（16.40kg/个）安装4个，则制作工程量为：4×16.40kg＝65.6kg

查9—103套定额子目。

② 安装：周长为2×(320+250)mm＝1140mm

查9—140套定额子目。

4）连动百叶风口制作安装

连动百叶风口400mm×330mm制作安装

① 制作：查T202—4，400mm×330mm（3.52kg/个）安装5个，则制作工程量为：5×3.52kg＝17.60kg

查9—101套定额子目。

② 安装：周长为2×(400+330)mm＝1460mm

查9—135套定额子目。

5）散流器制作安装

（1）方形散流器320mm×320mm制作安装

① 制作：查T211—2，320mm×320mm（7.43kg/个）安装9个，则制作工程量为：9×7.43kg＝66.87kg

查9—113套定额子目。

② 安装：周长为2×(320+320)mm＝1280mm

查9—148套定额子目。

（2）方形散流器250mm×250mm制作安装

① 制作：查T211—2，250mm×250mm（5.29kg/个）安装3个，则制作工程量为：3×5.27kg＝15.87kg

查9—113套定额子目。

② 安装：周长为2×(250+250)mm＝1000mm

查9—147套定额子目。

4. 通风及空调设备制作安装

1）空调器制作安装

（1）空调机组K—D—1制作安装

落地式，0.2t以内安装1台，查9—236套定额子目。

（2）空调机组K—D—2制作安装

落地式，0.2t以内安装1台，查9—236套定额子目。

（3）空调机组K—D—3制作安装

落地式，0.2t以内安装1台，查9—236套定额子目。

（4）立式新风机 X－D－1 制作安装

落地式，0.12t 以内安装 1 台，查 9－235 套定额子目。

2）风机盘管制作安装

（1）风机盘管 FP－10 制作安装

吊顶式，安装 4 台，查 9－245 套定额子目。

（2）风机盘管 FP－8 制作安装

吊顶式，安装 10 台，查 9－245 套定额子目。

（3）风机盘管 FP－6.3 制作安装

吊顶式，安装 4 台，查 9－245 套定额子目。

3）通风机制作安装

（1）排风机 P－D－1 制作安装

12 号离心式通风机，安装 1 台，查 9－219 套定额子目。

（2）吊顶式排气扇 Pθ－40 制作安装

5 号轴流式通风机，安装 2 台，查 9－222 套定额子目。

（3）吊顶式排气扇 Pθ－09 制作安装

5 号轴流式通风机，安装 1 台，查 9－222 套定额子目。

5. 通风管道其他部件制作安装

消声器制作安装

1）单层阻抗复合式消声器 1250mm×400mm 制作安装

查 T701－6，单层阻抗复合式消声器 1250mm×400mm（95.50kg/个）安装 1 个，则制作工程量为：1×95.50kg＝95.50kg

查 9－200 套定额子目。

2）双层阻抗复合式消声器 1250mm×400mm 制作安装

查 T701－6，双层阻抗复合式消声器 1250mm×400mm（2×95.50kg/个＝191.00kg/个）安装 1 个，则制作工程量为：1×191.00kg＝191.00kg

查 9－200 套定额子目。

6. 风管保温层工程量

（1）风管 1250mm×400mm 保温层工程量

$V = 2 \times [(A+1.033\delta)+(B+1.033\delta)] \times 1.033\delta \times L$

$\quad = 2 \times [(1.25+1.033 \times 0.06)+(0.4+1.033 \times 0.06)] \times 1.033 \times 0.06 \times 5.0 \text{m}^3$

$\quad = 1.10 \text{m}^3$

（2）风管 1000mm×400mm 保温层工程量

$V = 2 \times [(A+1.033\delta)+(B+1.033\delta)] \times 1.033\delta \times L$

$\quad = 2 \times [(1.0+1.033 \times 0.06)+(0.4+1.033 \times 0.06)] \times 1.033 \times 0.06 \times 21.98 \text{m}^3$

$\quad = 4.15 \text{m}^3$

（3）风管 800mm×400mm 保温层工程量

$V = 2 \times [(A+1.033\delta)+(B+1.033\delta)] \times 1.033\delta \times L$

$= 2 \times [(0.8 + 1.033 \times 0.06) + (0.4 + 1.033 \times 0.06)] \times 1.033 \times 0.06 \times 10.79 \text{m}^3$

$= 1.77 \text{m}^3$

(4) 风管 630mm×400mm 保温层工程量

$V = 2 \times [(A + 1.033\delta) + (B + 1.033\delta)] \times 1.033\delta \times L$

$= 2 \times [(0.63 + 1.033 \times 0.06) + (0.4 + 1.033 \times 0.06)] \times 1.033 \times 0.06 \times 91.173 \text{m}^3$

$= 13.04 \text{m}^3$

(5) 风管 630mm×250mm 保温层工程量

$V = 2 \times [(A + 1.033\delta) + (B + 1.033\delta)] \times 1.033\delta \times L$

$= 2 \times [(0.63 + 1.033 \times 0.06) + (0.25 + 1.033 \times 0.06)] \times 1.033 \times 0.06 \times 12.59 \text{m}^3$

$= 1.57 \text{m}^3$

(6) 风管 500mm×400mm 保温层工程量

$V = 2 \times [(A + 1.033\delta) + (B + 1.033\delta)] \times 1.033\delta \times L$

$= 2 \times [(0.5 + 1.033 \times 0.06) + (0.4 + 1.033 \times 0.06)] \times 1.033 \times 0.06 \times 9.39 \text{m}^3$

$= 1.19 \text{m}^3$

(7) 风管 500mm×320mm 保温层工程量

$V = 2 \times [(A + 1.033\delta) + (B + 1.033\delta)] \times 1.033\delta \times L$

$= 2 \times [(0.5 + 1.033 \times 0.06) + (0.32 + 1.033 \times 0.06)] \times 1.033 \times 0.06 \times 23.31 \text{m}^3$

$= 2.73 \text{m}^3$

(8) 风管 500mm×250mm 保温层工程量

$V = 2 \times [(A + 1.033\delta) + (B + 1.033\delta)] \times 1.033\delta \times L$

$= 2 \times [(0.5 + 1.033 \times 0.06) + (0.25 + 1.033 \times 0.06)] \times 1.033 \times 0.06 \times 7.8 \text{m}^3$

$= 0.84 \text{m}^3$

(9) 风管 400mm×400mm 保温层工程量

$V = 2 \times [(A + 1.033\delta) + (B + 1.033\delta)] \times 1.033\delta \times L$

$= 2 \times [(0.4 + 1.033 \times 0.06) + (0.4 + 1.033 \times 0.06)] \times 1.033 \times 0.06 \times 9.19 \text{m}^3$

$= 1.05 \text{m}^3$

(10) 风管 400mm×320mm 保温层工程量

$V = 2 \times [(A + 1.033\delta) + (B + 1.033\delta)] \times 1.033\delta \times L$

$= 2 \times [(0.4 + 1.033 \times 0.06) + (0.32 + 1.033 \times 0.06)] \times 1.033 \times 0.06 \times 21.62 \text{m}^3$

$= 2.26 \text{m}^3$

(11) 风管 400mm×250mm 保温层工程量

$V = 2 \times [(A + 1.033\delta) + (B + 1.033\delta)] \times 1.033\delta \times L$

$= 2 \times [(0.4 + 1.033 \times 0.06) + (0.25 + 1.033 \times 0.06)] \times 1.033 \times 0.06 \times 13.02 \text{m}^3$

$= 1.25 \text{m}^3$

(12) 风管 320mm×250mm 保温层工程量

$V = 2 \times [(A + 1.033\delta) + (B + 1.033\delta)] \times 1.033\delta \times L$

$= 2 \times [(0.32 + 1.033 \times 0.06) + (0.25 + 1.033 \times 0.06)] \times 1.033 \times 0.06 \times 6.8 \text{m}^3$

$$=0.58m^3$$

(13) 风管 250mm×250mm 保温层工程量

$$V=2\times[(A+1.033\delta)+(B+1.033\delta)]\times1.033\delta\times L$$

$$=2\times[(0.25+1.033\times0.06)+(0.25+1.033\times0.06)]\times1.033\times0.06\times13.60m^3$$

$$=1.05m^3$$

(14) 风管 200mm×200mm 保温层工程量

$$V=2\times[(A+1.033\delta)+(B+1.033\delta)]\times1.033\delta\times L$$

$$=2\times[(0.2+1.033\times0.06)+(0.2+1.033\times0.06)]\times1.033\times0.06\times1.7m^3$$

$$=0.11m^3$$

(15) 风管 200mm×160mm 保温层工程量

$$V=2\times[(A+1.033\delta)+(B+1.033\delta)]\times1.033\delta\times L$$

$$=2\times[(0.2+1.033\times0.06)+(0.16+1.033\times0.06)]\times1.033\times0.06\times50.96m^3$$

$$=3.06m^3$$

(16) 风管 120mm×120mm 保温层工程量

$$V=2\times[(A+1.033\delta)+(B+1.033\delta)]\times1.033\delta\times L$$

$$=2\times[(0.12+1.033\times0.06)+(0.12+1.033\times0.06)]\times1.033\times0.06\times8.86m^3$$

$$=0.40m^3$$

7. 风管防潮层工程量

(1) 风管 1250mm×400mm 防潮层工程量

$$S=2\times[(A+2.1\delta+0.0082)+(B+2.1\delta+0.0082)]\times L$$

$$=2\times[(1.25+2.1\times0.06+0.0082)+(0.4+2.1\times0.06+0.0082)]\times5.0m^2$$

$$=19.18m^2$$

(2) 风管 1000mm×400mm 防潮层工程量

$$S=2\times[(A+2.1\delta+0.0082)+(B+2.1\delta+0.0082)]\times L$$

$$=2\times[(1.0+2.1\times0.06+0.0082)+(0.4+2.1\times0.06+0.0082)]\times21.98m^2$$

$$=73.34m^2$$

(3) 风管 800mm×400mm 防潮层工程量

$$S=2\times[(A+2.1\delta+0.0082)+(B+2.1\delta+0.0082)]\times L$$

$$=2\times[(0.8+2.1\times0.06+0.0082)+(0.4+2.1\times0.06+0.0082)]\times10.79m^2$$

$$=31.69m^2$$

(4) 风管 630mm×400mm 防潮层工程量

$$S=2\times[(A+2.1\delta+0.0082)+(B+2.1\delta+0.0082)]\times L$$

$$=2\times[(0.63+2.1\times0.06+0.0082)+(0.4+2.1\times0.06+0.0082)]\times91.17m^2$$

$$=236.75m^2$$

(5) 风管 600mm×250mm 防潮层工程量

$$S=2\times[(A+2.1\delta+0.0082)+(B+2.1\delta+0.0082)]\times L$$

$$=2\times[(0.63+2.1\times0.06+0.0082)+(0.25+2.1\times0.06+0.0082)]\times12.59m^2$$

$=28.92\text{m}^2$

（6）风管 500mm×400mm 防潮层工程量

$S=2\times[(A+2.1\delta+0.0082)+(B+2.1\delta+0.0082)]\times L$

$\quad=2\times[(0.5+2.1\times0.06+0.0082)+(0.4+2.1\times0.06+0.0082)]\times9.39\text{m}^2$

$\quad=21.94\text{m}^2$

（7）风管 500mm×320mm 防潮层工程量

$S=2\times[(A+2.1\delta+0.0082)+(B+2.1\delta+0.0082)]\times L$

$\quad=2\times[(0.5+2.1\times0.06+0.0082)+(0.32+2.1\times0.06+0.0082)]\times23.31\text{m}^2$

$\quad=50.74\text{m}^2$

（8）风管 500mm×250mm 防潮层工程量

$S=2\times[(A+2.1\delta+0.0082)+(B+2.1\delta+0.0082)]\times L$

$\quad=2\times[(0.5+2.1\times0.06+0.0082)+(0.25+2.1\times0.06+0.0082)]\times7.8\text{m}^2$

$\quad=15.89\text{m}^2$

（9）风管 400mm×400mm 防潮层工程量

$S=2\times[(A+2.1\delta+0.0082)+(B+2.1\delta+0.0082)]\times L$

$\quad=2\times[(0.4+2.1\times0.06+0.0082)+(0.4+2.1\times0.06+0.0082)]\times9.19\text{m}^2$

$\quad=19.64\text{m}^2$

（10）风管 400mm×320mm 防潮层工程量

$S=2\times[(A+2.1\delta+0.0082)+(B+2.1\delta+0.0082)]\times L$

$\quad=2\times[(0.4+2.1\times0.06+0.0082)+(0.32+2.1\times0.06+0.0082)]\times21.62\text{m}^2$

$\quad=42.74\text{m}^2$

（11）风管 400mm×250mm 防潮层工程量

$S=2\times[(A+2.1\delta+0.0082)+(B+2.1\delta+0.0082)]\times L$

$\quad=2\times[(0.4+2.1\times0.06+0.0082)+(0.25+2.1\times0.06+0.0082)]\times13.022$

$\quad=23.92\text{m}^2$

（12）风管 320mm×250mm 防潮层工程量

$S=2\times[(A+2.1\delta+0.0082)+(B+2.1\delta+0.0082)]\times L$

$\quad=2\times[(0.32+2.1\times0.06+0.0082)+(0.25+2.1\times0.06+0.0082)]\times6.8\text{m}^2$

$\quad=11.40\text{m}^2$

（13）风管 250mm×250mm 防潮层工程量

$S=2\times[(A+2.1\delta+0.0082)+(B+2.1\delta+0.0082)]\times L$

$\quad=2\times[(0.25+2.1\times0.06+0.0082)+(0.25+2.1\times0.06+0.0082)]\times13.60\text{m}^2$

$\quad=20.90\text{m}^2$

（14）风管 200mm×200mm 防潮层工程量

$S=2\times[(A+2.1\delta+0.0082)+(B+2.1\delta+0.0082)]\times L$

$\quad=2\times[(0.2+2.1\times0.06+0.0082)+(0.2+2.1\times0.06+0.0082)]\times1.7\text{m}^2$

$\quad=2.27\text{m}^2$

（15）风管 200mm×160mm 防潮层工程量

$$S = 2 \times [(A + 2.1\delta + 0.0082) + (B + 2.1\delta + 0.0082)] \times L$$
$$= 2 \times [(0.2 + 2.1 \times 0.06 + 0.0082) + (0.16 + 2.1 \times 0.06 + 0.0082)] \times 50.96 \text{m}^2$$
$$= 63.21 \text{m}^2$$

（16）风管 120mm×120mm 防潮层工程量

$$S = 2 \times [(A + 2.1\delta + 0.0082) + (B + 2.1\delta + 0.0082)] \times L$$
$$= 2 \times [(0.12 + 2.1 \times 0.06 + 0.0082) + (0.12 + 2.1 \times 0.06 + 0.0082)] \times 8.86 \text{m}^2$$
$$= 9.01 \text{m}^2$$

8. 风管保护层工程量

（1）风管 1250mm×400mm 保护层工程量

$$S = 2 \times [(A + 2.1\delta + 0.0082) + (B + 2.1\delta + 0.0082)] \times L$$
$$= 2 \times [(1.25 + 2.1 \times 0.06 + 0.0082) + (0.4 + 2.1 \times 0.06 + 0.0082)] \times 5.0 \text{m}^2$$
$$= 19.18 \text{m}^2$$

（2）风管 1000mm×400mm 保护层工程量

$$S = 2 \times [(A + 2.1\delta + 0.0082) + (B + 2.1\delta + 0.0082)] \times L$$
$$= 2 \times [(1.0 + 2.1 \times 0.06 + 0.0082) + (0.4 + 2.1 \times 0.06 + 0.0082)] \times 21.98 \text{m}^2$$
$$= 73.34 \text{m}^2$$

（3）风管 1250mm×500mm 保护层工程量

$$S = 2 \times [(A + 2.1\delta + 0.0082) + (B + 2.1\delta + 0.0082)] \times L$$
$$= 2 \times [(1.25 + 2.1 \times 0.07 + 0.0082) + (0.5 + 2.1 \times 0.06 + 0.0082)] \times 10.79 \text{m}^2$$
$$= 31.69 \text{m}^2$$

（4）风管 630mm×400mm 保护层工程量

$$S = 2 \times [(A + 2.1\delta + 0.0082) + (B + 2.1\delta + 0.0082)] \times L$$
$$= 2 \times [(0.63 + 2.1 \times 0.06 + 0.0082) + (0.4 + 2.1 \times 0.06 + 0.0082)] \times 91.17 \text{m}^2$$
$$= 595.59 \text{m}^2$$

（5）风管 630mm×250mm 保护层工程量

$$S = 2 \times [(A + 2.1\delta + 0.0082) + (B + 2.1\delta + 0.0082)] \times L$$
$$= 2 \times [(0.63 + 2.1 \times 0.06 + 0.0082) + (0.25 + 2.1 \times 0.06 + 0.0082)] \times 12.59 \text{m}^2$$
$$= 28.92 \text{m}^2$$

（6）风管 500mm×400mm 保护层工程量

$$S = 2 \times [(A + 2.1\delta + 0.0082) + (B + 2.1\delta + 0.0082)] \times L$$
$$= 2 \times [(0.5 + 2.1 \times 0.06 + 0.0082) + (0.4 + 2.1 \times 0.06 + 0.0082)] \times 9.39 \text{m}^2$$
$$= 21.94 \text{m}^2$$

（7）风管 500mm×320mm 保护层工程量

$$S = 2 \times [(A + 2.1\delta + 0.0082) + (B + 2.1\delta + 0.0082)] \times L$$
$$= 2 \times [(0.5 + 2.1 \times 0.06 + 0.0082) + (0.32 + 2.1 \times 0.06 + 0.0082)] \times 23.31 \text{m}^2$$
$$= 50.74 \text{m}^2$$

（8）风管 500mm×250mm 保护层工程量

$$S = 2 \times [(A + 2.1\delta + 0.0082) + (B + 2.1\delta + 0.0082)] \times L$$
$$= 2 \times [(0.5 + 2.1 \times 0.06 + 0.0082) + (0.25 + 2.1 \times 0.06 + 0.0082)] \times 7.8 \text{m}^2$$
$$= 15.89 \text{m}^2$$

（9）风管 400mm×400mm 保护层工程量

$$S = 2 \times [(A + 2.1\delta + 0.0082) + (B + 2.1\delta + 0.0082)] \times L$$
$$= 2 \times [(0.4 + 2.1 \times 0.06 + 0.0082) + (0.4 + 2.1 \times 0.06 + 0.0082)] \times 9.19 \text{m}^2$$
$$= 19.64 \text{m}^2$$

（10）风管 400mm×320mm 保护层工程量

$$S = 2 \times [(A + 2.1\delta + 0.0082) + (B + 2.1\delta + 0.0082)] \times L$$
$$= 2 \times [(0.4 + 2.1 \times 0.06 + 0.0082) + (0.32 + 2.1 \times 0.06 + 0.0082)] \times 21.62 \text{m}^2$$
$$= 42.74 \text{m}^2$$

（11）风管 400mm×250mm 保护层工程量

$$S = 2 \times [(A + 2.1\delta + 0.0082) + (B + 2.1\delta + 0.0082)] \times L$$
$$= 2 \times [(0.4 + 2.1 \times 0.06 + 0.0082) + (0.25 + 2.1 \times 0.06 + 0.0082)] \times 13.02 \text{m}^2$$
$$= 23.92 \text{m}^2$$

（12）风管 320mm×250mm 保护层工程量

$$S = 2 \times [(A + 2.1\delta + 0.0082) + (B + 2.1\delta + 0.0082)] \times L$$
$$= 2 \times [(0.32 + 2.1 \times 0.06 + 0.0082) + (0.25 + 2.1 \times 0.06 + 0.0082)] \times 6.8 \text{m}^2$$
$$= 11.40 \text{m}^2$$

（13）风管 250mm×250mm 保护层工程量

$$S = 2 \times [(A + 2.1\delta + 0.0082) + (B + 2.1\delta + 0.0082)] \times L$$
$$= 2 \times [(0.25 + 2.1 \times 0.06 + 0.0082) + (0.25 + 2.1 \times 0.06 + 0.0082)] \times 13.60 \text{m}^2$$
$$= 20.90 \text{m}^2$$

（14）风管 200mm×200mm 保护层工程量

$$S = 2 \times [(A + 2.1\delta + 0.0082) + (B + 2.1\delta + 0.0082)] \times L$$
$$= 2 \times [(0.2 + 2.1 \times 0.06 + 0.0082) + (0.2 + 2.1 \times 0.06 + 0.0082)] \times 1.7 \text{m}^2$$
$$= 2.27 \text{m}^2$$

（15）风管 200mm×160mm 保护层工程量

$$S = 2 \times [(A + 2.1\delta + 0.0082) + (B + 2.1\delta + 0.0082)] \times L$$
$$= 2 \times [(0.2 + 2.1 \times 0.06 + 0.0082) + (0.16 + 2.1 \times 0.06 + 0.0082)] \times 50.96 \text{m}^2$$
$$= 63.21 \text{m}^2$$

（16）风管 120mm×120mm 保护层工程量

$$S = 2 \times [(A + 2.1\delta + 0.0082) + (B + 2.1\delta + 0.0082)] \times L$$
$$= 2 \times [(0.12 + 2.1 \times 0.06 + 0.0082) + (0.12 + 2.1 \times 0.06 + 0.0082)] \times 8.86 \text{m}^2$$
$$= 9.01 \text{m}^2$$

9. 风管刷油工程

1）风管 1250mm×400mm 刷油工程

（1）刷第一遍防锈漆工程量

$$S=2\times(A+B)\times L=2\times(1.25+0.4)\times 5.0\text{m}^2=16.50\text{m}^2$$

（2）刷第二遍防锈漆工程量

$$S=2\times(1.25+0.4)\times 5.0\text{m}^2=16.50\text{m}^2$$

2）风管 1000mm×400mm 刷油工程

（1）刷第一遍防锈漆工程量

$$S=2\times(A+B)\times L=2\times(1.0+0.4)\times 21.98\text{m}^2=61.54\text{m}^2$$

（2）刷第二遍防锈漆工程量

$$S=2\times(1.0+0.4)\times 21.98\text{m}^2=61.54\text{m}^2$$

3）风管 800mm×400mm 刷油工程

（1）刷第一遍防锈漆工程量

$$S=2\times(A+B)\times L=2\times(0.8+0.4)\times 10.79\text{m}^2=25.90\text{m}^2$$

（2）刷第二遍防锈漆工程量

$$S=2\times(0.8+0.4)\times 10.79\text{m}^2=25.90\text{m}^2$$

4）风管 630mm×400mm 刷油工程

（1）刷第一遍防锈漆工程量

$$S=2\times(A+B)\times L=2\times(0.63+0.4)\times 91.17\text{m}^2=187.81\text{m}^2$$

（2）刷第二遍防锈漆工程量

$$S=2\times(0.63+0.4)\times 91.17\text{m}^2=187.81\text{m}^2$$

5）风管 630mm×250mm 刷油工程

（1）刷第一遍防锈漆工程量

$$S=2\times(A+B)\times L=2\times(0.63+0.25)\times 12.59\text{m}^2=22.16\text{m}^2$$

（2）刷第二遍防锈漆工程量

$$S=2\times(0.63+0.25)\times 12.59\text{m}^2=22.16\text{m}^2$$

6）风管 500mm×400mm 刷油工程

（1）刷第一遍防锈漆工程量

$$S=2\times(A+B)\times L=2\times(0.5+0.4)\times 9.39\text{m}^2=16.90\text{m}^2$$

（2）刷第二遍防锈漆工程量

$$S=2\times(0.5+0.4)\times 9.39\text{m}^2=16.90\text{m}^2$$

7）风管 500mm×320mm 刷油工程

（1）刷第一遍防锈漆工程量

$$S=2\times(A+B)\times L=2\times(0.5+0.32)\times 23.31\text{m}^2=38.23\text{m}^2$$

（2）刷第二遍防锈漆工程量

$$S=2\times(0.5+0.32)\times 23.31\text{m}^2=38.23\text{m}^2$$

8）风管 500mm×250mm 刷油工程

（1）刷第一遍防锈漆工程量

$$S=2\times(A+B)\times L=2\times(0.5+0.25)\times7.8m^2=11.70m^2$$

（2）刷第二遍防锈漆工程量

$$S=2\times(0.5+0.5)\times7.8m^2=11.70m^2$$

9）风管 400mm×400mm 刷油工程

（1）刷第一遍防锈漆工程量

$$S=2\times(A+B)\times L=2\times(0.4+0.4)\times9.19m^2=14.70m^2$$

（2）刷第二遍防锈漆工程量

$$S=2\times(0.4+0.4)\times9.19m^2=14.70m^2$$

10）风管 400mm×320mm 刷油工程

（1）刷第一遍防锈漆工程量

$$S=2\times(A+B)\times L=2\times(0.4+0.32)\times21.62m^2=31.13m^2$$

（2）刷第二遍防锈漆工程量

$$S=2\times(0.4+0.32)\times21.62m^2=31.13m^2$$

11）风管 400mm×250mm 刷油工程

（1）刷第一遍防锈漆工程量

$$S=2\times(A+B)\times L=2\times(0.4+0.25)\times13.02m^2=16.93m^2$$

（2）刷第二遍防锈漆工程量

$$S=2\times(0.4+0.25)\times13.02m^2=16.93m^2$$

12）风管 320mm×250mm 刷油工程

（1）刷第一遍防锈漆工程量

$$S=2\times(A+B)\times L=2\times(0.32+0.25)\times6.8m^2=7.75m^2$$

（2）刷第二遍防锈漆工程量

$$S=2\times(0.32+0.25)\times6.8m^2=7.75m^2$$

13）风管 250mm×250mm 刷油工程

（1）刷第一遍防锈漆工程量

$$S=2\times(A+B)\times L=2\times(0.25+0.25)\times13.60m^2=13.60m^2$$

（2）刷第二遍防锈漆工程量

$$S=2\times(0.25+0.25)\times13.60m^2=13.60m^2$$

14）风管 200mm×200mm 刷油工程

（1）刷第一遍防锈漆工程量

$$S=2\times(A+B)\times L=2\times(0.2+0.2)\times1.7m^2=1.36m^2$$

（2）刷第二遍防锈漆工程量

$$S=2\times(0.2+0.2)\times1.7m^2=1.36m^2$$

15）风管 200mm×160mm 刷油工程

（1）刷第一遍防锈漆工程量

$$S=2\times(A+B)\times L=2\times(0.2+0.16)\times50.96m^2=36.69m^2$$

（2）刷第二遍防锈漆工程量

$$S=2×(0.24+0.16)×50.96m^2=36.69m^2$$

16）风管 120mm×120mm 刷油工程

（1）刷第一遍防锈漆工程量

$$S=2×(A+B)×L=2×(0.12+0.12)×8.86m^2=4.25m^2$$

（2）刷第二遍防锈漆工程量

$$S=2×(0.12+0.12)×8.86m^2=4.25m^2$$

定额预算表见表 5-6。

定额工程预算表

表 5-6

序号	定额编号	分项工程名称	计量单位	工程量	基价（元）	其中			合价（元）
						人工费（元）	材料费（元）	机械费（元）	
1	9—8	风管 1250mm×400mm 制作安装	10m²	1.65	341.15	140.71	191.90	8.54	562.90
		未计价材料:镀锌钢板,δ1.2	kg	11.38×1.65×9.42			7.00		1238.16
2	9—7	风管 1000mm×400mm 工程量	10m²	6.15	295.54	115.87	167.99	11.68	487.64
		未计价材料:镀锌钢板,δ1	kg	11.38×1.65×7.85			7.30		1076.02
3	9—7	风管 800mm×400mm 工程量	10m²	2.59	295.54	115.87	167.99	11.68	767.45
		未计价材料:镀锌钢板,δ1	kg	11.38×2.59×7.85			7.30		1689.02
4	9—7	风管 630mm×400mm 工程量	10m²	18.78	295.54	115.87	167.99	11.68	5550.24
		未计价材料:镀锌钢板,δ1	kg	11.38×18.78×7.85			7.30		12247.02
5	9—6	风管 630mm×250mm 工程量	10m²	2.22	387.05	154.18	213.52	19.35	859.25
		未计价材料:镀锌钢板,δ0.75	m²	11.38×2.22			33.10		836.22
6	9—6	风管 500mm×400mm 工程量	10m²	1.69	387.05	154.18	213.52	19.35	654.11
		未计价材料:镀锌钢板,δ0.75	m²	11.38×1.69			33.10		636.59
7	9—6	风管 500mm×320mm 工程量	10m²	3.82	387.05	154.18	213.52	19.35	1438.91

序号	定额编号	分项工程名称	计量单位	工程量	基价(元)	其中			合价(元)
						人工费(元)	材料费(元)	机械费(元)	
		未计价材料:镀锌钢板,δ0.75	m²	11.38×3.82			33.10		1438.91
8	9—6	风管 400mm×400mm 工程量	10m²	1.17	387.05	154.18	213.52	19.35	452.85
		未计价材料:镀锌钢板,δ0.75	m²	11.38×1.17			33.10		440.71
9	9—6	风管 400mm×400mm 工程量	10m²	1.47	387.05	154.18	213.52	19.35	568.96
		未计价材料:镀锌钢板,δ0.75	m²	11.38×1.47			33.10		553.72
10	9—6	风管 400mm×320mm 工程量	10m²	3.11	387.05	154.18	213.52	19.35	1203.72
		未计价材料:镀锌钢板,δ0.75	m²	11.38×3.11			33.10		1171.47
11	9—6	风管 400mm×250mm 工程量	10m²	1.69	387.05	154.18	213.52	19.35	654.11
		未计价材料:镀锌钢板,δ0.75	kg	11.38×1.69			33.10		636.58
12	9—6	风管 320mm×250mm 工程量	10m²	0.78	387.05	154.18	213.52	19.35	301.90
		未计价材料:镀锌钢板,δ0.75	m²	11.38×0.78			33.10		293.81
13	9—6	风管 250mm×250mm 工程量	10m²	1.36	387.05	154.18	213.52	19.35	526.39
		未计价材料:镀锌钢板,δ0.75	m²	11.38×1.36			33.10		512.28
14	9—5	风管 200mm×200mm 工程量	10m²	0.14	441.65	211.77	196.98	32.90	61.83
		未计价材料:镀锌钢板,δ0.5	kg	11.38×0.14×3.925			6.05		37.83
15	9—5	风管 200mm×160mm 工程量	10m²	3.67	441.65	211.77	196.98	32.90	1620.86
		未计价材料:镀锌钢板,δ0.5	kg	11.38×3.67×3.925			6.05		991.75

续表

序号	定额编号	分项工程名称	计量单位	工程量	基价(元)	人工费(元)	材料费(元)	机械费(元)	合价(元)
						其中			
16	9—5	风管 120mm × 120mm 工程量	10m²	0.43	441.65	211.77	196.98	32.90	189.91
		未计价材料:镀锌钢板,δ0.5	kg	11.38×0.43×3.925			6.05		116.20
17	9—40	风管 1000mm × 400mm 弯头导流叶片	m²	0.25	79.94	36.69	43.25	—	19.99
18	9—40	风管 630mm × 400mm 弯头导流叶片	m²	1.00	79.94	36.69	43.25	—	79.94
19	9—62	手动对开多叶调节阀 1250mm × 400mm 制作	100kg	0.274	1103.29	344.58	546.37	212.34	302.30
20	9—85	手动对开多叶调节阀 1250mm × 400mm 安装	个	1	30.79	11.61	19.18	—	30.79
21	9—62	手动对开多叶调节阀 1000mm × 400mm 制作	100kg	0.224	1103.29	344.58	546.37	212.34	247.14
22	9—84	手动对开多叶调节阀 1000mm × 400mm 安装	个	1	25.77	10.45	15.32	—	25.77
23	9—62	手动对开多叶调节阀 800mm × 400mm 制作	100kg	0.382	1103.29	344.58	546.37	212.34	421.46
24	9—84	手动对开多叶调节阀 800mm × 400mm 安装	个	2	25.77	10.45	15.32	—	25.77
25	9—62	手动对开多叶调节阀 630mm × 400mm 制作	100kg	0.165	1103.29	344.58	546.37	212.34	182.04
26	9—84	手动对开多叶调节阀 630mm × 400mm 安装	个	1	25.77	10.45	15.32	—	25.77
27	9—62	手动对开多叶调节阀 630mm × 250mm 制作	100kg	0.137	1103.29	344.58	546.37	212.34	151.15
28	9—84	手动对开多叶调节阀 630mm × 250mm 安装	个	1	25.77	10.45	15.32	—	25.77

续表

序号	定额编号	分项工程名称	计量单位	工程量	基价(元)	其中			合价(元)
						人工费(元)	材料费(元)	机械费(元)	
29	9—62	手动对开多叶调节阀 500mm × 400mm 制作	100kg	0.142	1103.29	344.58	546.37	212.34	156.67
30	9—84	手动对开多叶调节阀 500mm × 400mm 安装	个	1	25.77	10.45	15.32	—	25.77
31	9—62	手动对开多叶调节阀 400mm × 400mm 制作	100kg	0.131	1103.29	344.58	546.37	212.34	144.53
32	9—84	手动对开多叶调节阀 400mm × 400mm 安装	个	1	25.77	10.45	15.32	—	25.77
33	9—53	钢制蝶阀 500mm×320mm 制作	100kg	0.139	1188.62	344.35	402.58	441.69	165.22
34	9—74	钢制蝶阀 500mm×320mm 安装	个	1	40.98	12.07	15.32	13.59	40.98
35	9—53	钢制蝶阀 400mm×320mm 制作	100kg	0.485	1188.62	344.35	402.58	441.69	576.48
36	9—73	钢制蝶阀 400mm×320mm 安装	个	4	19.24	6.97	3.33	8.94	76.96
37	9—53	钢制蝶阀 400mm×250mm 制作	100kg	0.071	1188.62	344.35	402.58	441.69	84.39
38	9—73	钢制蝶阀 400mm×250mm 安装	个	1	19.24	6.97	3.33	8.94	19.24
39	9—53	钢制蝶阀 250mm×250mm 制作	100kg	0.168	1188.62	344.35	402.58	441.69	199.69
40	9—73	钢制蝶阀 250mm×250mm 安装	个	3	19.24	6.97	3.33	8.94	57.72
41	9—53	钢制蝶阀 200mm×160mm 制作	100kg	0.322	1188.62	344.35	402.58	441.69	382.74
42	9—72	钢制蝶阀 200mm×160mm 安装	个	7	7.32	4.88	2.22	0.22	51.24

续表

序号	定额编号	分项工程名称	计量单位	工程量	基价(元)	其中			合价(元)
						人工费(元)	材料费(元)	机械费(元)	
43	9—95	单层百叶风口 500mm×400mm 制作	100kg	0.095	1345.72	828.49	506.41	10.82	127.84
44	9—135	单层百叶风口 500mm×400mm 安装	个	3	14.97	10.45	4.30	0.22	44.91
45	9—95	单层百叶风口 400mm×400mm 制作	100kg	0.05	1345.72	828.49	506.41	10.82	67.29
46	9—135	单层百叶风口 400mm×400mm 安装	个	2	14.97	10.45	4.30	0.22	29.94
47	9—95	单层百叶风口 400mm×300mm 制作	100kg	0.066	1345.72	828.49	506.41	10.82	88.82
48	9—135	单层百叶风口 400mm×300mm 安装	个	3	14.97	10.45	4.30	0.22	44.91
49	9—96	双层百叶风口 200mm×160mm 制作	100kg	0.245	1727.72	1201.63	507.30	18.79	423.29
50	9—133	双层百叶风口 200mm×160mm 安装	个	14	6.87	4.18	2.47	0.22	96.18
51	9—103	矩形风口 500mm×400mm 制作	100kg	1.96	893.09	392.19	463.16	37.74	1750.46
52	9—140	矩形风口 500mm×400mm 安装	个	8	10.36	5.57	4.79	—	82.88
53	9—103	矩形风口 400mm×400mm 制作	100kg	3.96	893.09	392.19	463.16	37.74	3536.64
54	9—140	矩形风口 400mm×400mm 安装	个	20	10.36	5.57	4.79	—	207.20
55	9—103	矩形风口 320mm×250mm 制作	100kg	0.656	893.09	392.19	463.16	37.74	1750.46
56	9—140	矩形风口 320mm×250mm 安装	个	4	10.36	5.57	4.79	—	41.44
57	9—101	连动百叶风口 400mm×330mm 制作	100kg	0.176	1770.77	972.45	506.61	291.71	311.66
58	9—135	矩形风口 400mm×330mm 安装	个	5	14.97	10.45	4.30	0.22	74.85

序号	定额编号	分项工程名称	计量单位	工程量	基价(元)	其中			合价(元)
						人工费(元)	材料费(元)	机械费(元)	
59	9—113	方形散流器 320mm×320mm 制作	100kg	0.669	1700.64	811.77	584.07	304.80	1137.73
60	9—148	方形散流器 320mm×320mm 安装	个	9	10.94	8.36	2.58	—	98.46
61	9—113	方形散流器 250mm×250mm 制作	100kg	0.159	1700.64	811.77	584.07	304.80	270.40
62	9—147	方形散流器 250mm×250mm 安装	个	3	7.56	5.80	1.76	—	22.68
63	9—236	空调机组 K—D—1 制作安装	台	1	51.68	48.76	2.92		51.68
		未计价材料:空调器	台	1.000×1			5000		5000
64	9—236	空调机组 K—D—2 制作安装	台	1	51.68	48.76	2.92		51.68
		未计价材料:空调器	台	1.000×1			5000		5000
65	9—235	立式新风机组 X—D—1 制作安装	台		44.72	41.80	2.92		44.72
		未计价材料:空调器	台	1.000×1			5000		5000
66	9—245	风机盘管 FP—10 制作安装	台	4	98.69	28.79	66.11	3.79	394.76
		未计价材料:风机盘管	台	1.000×4			2000		8000
67	9—245	风机盘管 FP—8 制作安装	台	10	98.69	28.79	66.11	3.79	986.90
		未计价材料:风机盘管	台	1.000×10			2000		2000
68	9—245	风机盘管 FP—6.3 制作安装	台	4	98.69	28.79	66.11	3.79	374.76
		未计价材料:风机盘管	台	1.000×4			2000		8000
69	9—219	排风机 P—D—1 制作安装	台	1	445.94	362.00	83.94	—	445.94
		未计价材料:离心式通风机	台	1.000×1			1200		1200
70	9—222	吊顶式排气扇 Pθ—40 制作安装	台	2	37.23	34.83	2.40	—	74.46
		未计价材料:轴流式通风机	台	1.000×2			800		1600
71	9—222	吊顶式排气扇 Pθ—09 制作安装	台	1	37.23	34.83	2.40	—	37.23
		未计价材料:轴流式通风机	台	1.000×1			800		800
72	9—200	单层阻抗复合式消声器 1250mm×400mm 制作安装	100kg	0.955	960.03	365.71	585.05	9.27	916.83
73	9—200	双层阻抗复合式消声器 1250mm×400mm 制作安装	100kg	1.91	960.03	365.71	585.05	9.27	1833.66

序号	定额编号	分项工程名称	计量单位	工程量	基价(元)	其中			合价(元)
						人工费(元)	材料费(元)	机械费(元)	
74	11—2118	风管 1250mm×400mm 保温层工程量	m³	1.10	227.04	92.65	73.65	60.74	249.74
		未计价材料:可发性聚氨酯泡沫塑料	kg	62.5×1.10			5.68		390.50
75	11—2118	风管 1000mm×400mm 保温层工程量	m³	4.15	227.04	92.65	73.65	60.74	942.22
		未计价材料:可发性聚氨酯泡沫塑料	kg	62.5×4.15			5.68		1473.25
76	11—2118	风管 800mm×400mm 保温层工程量	m³	1.77	227.04	92.65	73.65	60.74	401.86
		未计价材料:可发性聚氨酯泡沫塑料	kg	62.5×1.77			5.68		628.35
77	11—2118	风管 630mm×400mm 保温层工程量	m³	13.04	227.04	92.65	73.65	60.74	2960.60
		未计价材料:可发性聚氨酯泡沫塑料	kg	62.5×13.04			5.68		4629.20
78	11—2118	风管 630mm×250mm 保温层工程量	m³	1.57	227.04	92.65	73.65	60.74	356.45
		未计价材料:可发性聚氨酯泡沫塑料	kg	62.5×1.57			5.68		557.35
79	11—2118	风管 500mm×400mm 保温层工程量	m³	1.19	227.04	92.65	73.65	60.74	270.18
		未计价材料:可发性聚氨酯泡沫塑料	kg	62.5×1.19			5.68		422.45
80	11—2118	风管 500mm×320mm 保温层工程量	m³	2.73	227.04	92.65	73.65	60.74	619.82
		未计价材料:可发性聚氨酯泡沫塑料	kg	62.5×2.73			5.68		969.15
81	11—2118	风管 500mm×250mm 保温层工程量	m³	0.85	227.04	92.65	73.65	60.74	192.98
		未计价材料:可发性聚氨酯泡沫塑料	kg	62.5×0.85			5.68		301.75
82	11—2118	风管 400mm×400mm 保温层工程量	m³	1.05	227.04	92.65	73.65	60.74	238.39
		未计价材料:可发性聚氨酯泡沫塑料	kg	62.5×1.05			5.68		372.75
83	11—2118	风管 400mm×320mm 保温层工程量	m³	2.26	227.04	92.65	73.65	60.74	513.11
		未计价材料:可发性聚氨酯泡沫塑料	kg	62.5×2.26			5.68		11838.43
84	11—2118	风管 400mm×250mm 保温层工程量	m³	1.25	227.04	92.65	73.65	60.74	283.80
		未计价材料:可发性聚氨酯泡沫塑料	kg	62.5×1.25			5.68		443.75
85	11—2118	风管 320mm×250mm 保温层工程量	m³	0.58	227.04	92.65	73.65	60.74	131.68

序号	定额编号	分项工程名称	计量单位	工程量	基价(元)	人工费(元)	材料费(元)	机械费(元)	合价(元)
		未计价材料:可发性聚氨酯泡沫塑料	kg	62.5×0.58			5.68		205.90
86	11—2118	风管 250mm×250mm 保温层工程量	m³	1.05	227.04	92.65	73.65	60.74	238.39
		未计价材料:可发性聚氨酯泡沫塑料	kg	62.5×1.05			5.68		372.75
87	11—2118	风管 200mm×200mm 保温层工程量	m³	0.11	227.04	92.65	73.65	60.74	24.97
		未计价材料:可发性聚氨酯泡沫塑料	kg	62.5×0.11			5.68		39.05
88	11—2118	风管 200mm×160mm 保温层工程量	m³	3.06	227.04	92.65	73.65	60.74	694.74
		未计价材料:可发性聚氨酯泡沫塑料	kg	62.5×3.06			5.68		1086.30
89	11—2118	风管 120mm×120mm 保温层工程量	m³	0.40	227.04	92.65	73.65	60.74	90.82
		未计价材料:可发性聚氨酯泡沫塑料	kg	62.5×0.40			5.68		142.00
90	11—2159	风管 1250mm×400mm 防潮层工程量	10m²	1.92	20.08	11.15	8.93	—	38.55
		未计价材料:油毡纸 350g	m²	14.0×1.92			2.10		56.45
91	11—2159	风管 1000mm×400mm 防潮层工程量	10m²	7.33	20.08	11.15	8.93	—	147.19
		未计价材料:油毡纸,350g	m²	14.0×7.33			2.10		215.50
92	11—2159	风管 800mm×400mm 防潮层工程量	10m²	3.17	20.08	11.15	8.93	—	63.65
		未计价材料:油毡纸,350g	m²	14.0×3.17			2.10		93.20
93	11—2159	风管 630mm×400mm 防潮层工程量	10m²	23.68	20.08	11.15	8.93	—	475.49
		未计价材料:油毡纸,350g	m²	14.0×23.68			2.10		696.19
94	11—2159	风管 630mm×250mm 防潮层工程量	10m²	2.89	20.08	11.15	8.93	—	58.03
		未计价材料:油毡纸,350g	m²	14.0×2.89			2.10		84.97
95	11—2159	风管 500mm×400mm 防潮层工程量	10m²	2.19	20.08	11.15	8.93	—	43.98
		未计价材料:油毡纸,350g	m²	14.0×2.19			2.10		64.39
96	11—2159	风管 500mm×320mm 防潮层工程量	10m²	5.07	20.08	11.15	8.93	—	101.81
		未计价材料:油毡纸,350g	m²	14.0×5.07			2.10		149.06

| 序号 | 定额编号 | 分项工程名称 | 计量单位 | 工程量 | 基价(元) | 其中 | | | 合价(元) |
						人工费(元)	材料费(元)	机械费(元)	
97	11—2159	风管 500mm×250mm 防潮层工程量	10m²	1.59	20.08	11.15	8.93	—	31.93
		未计价材料:油毡纸,350g	m²	14.0×1.59			2.10		46.75
98	11—2159	风管 400mm×400mm 防潮层工程量	10m²	1.96	20.08	11.15	8.93	—	39.36
		未计价材料:油毡纸,350g	m²	14.0×1.96			2.10		1908.21
99	11—2159	风管 400mm×320mm 防潮层工程量	10m²	4.27	20.08	11.15	8.93	—	85.74
		未计价材料:油毡纸,350g	m²	14.0×4.27			2.10		125.54
100	11—2159	风管 400mm×250mm 防潮层工程量	10m²	2.39	20.08	11.15	8.93	—	47.99
		未计价材料:油毡纸,350g	m²	14.0×2.39			2.10		70.27
101	11—2159	风管 320mm×250mm 防潮层工程量	10m²	1.14	20.08	11.15	8.93	—	22.89
		未计价材料:油毡纸,350g	m²	14.0×1.14			2.10		33.52
102	11—2159	风管 250mm×250mm 防潮层工程量	10m²	2.09	20.08	11.15	8.93	—	41.97
		未计价材料:油毡纸,350g	m²	14.0×2.09			2.10		61.45
103	11—2159	风管 200mm×200mm 防潮层工程量	10m²	0.23	20.08	11.15	8.93	—	4.62
		未计价材料:油毡纸,350g	m²	14.0×0.23			2.10		6.76
104	11—2159	风管 200mm×160mm 防潮层工程量	10m²	6.32	20.08	11.15	8.93	—	126.90
		未计价材料:油毡纸,350g	m²	14.0×6.32			2.10		185.81
105	11—2159	风管 120mm×120mm 防潮层工程量	10m²	0.90	20.08	1.15	8.93	—	18.07
		未计价材料:油毡纸,350g	m²	14.0×0.90			2.10		26.46
106	11—2153	风管 1250mm×400mm 保护层	10m²	1.92	11.11	10.91	0.20	—	21.33
		未计价材料:玻璃丝布,0.5mm 厚	m²	14.0×1.92			2.80		75.26
107	11—2153	风管 1000mm×400mm 保护层	10m²	7.33	11.11	10.91	0.20	—	81.44
		未计价材料:玻璃丝布,0.5mm 厚	m²	14.0×7.33			2.80		287.34
108	11—2153	风管 800mm×400mm 保护层	10m²	3.17	11.11	10.91	0.20	—	35.22

序号	定额编号	分项工程名称	计量单位	工程量	基价(元)	其中			合价(元)
						人工费(元)	材料费(元)	机械费(元)	
		未计价材料:玻璃丝布,0.5mm 厚	m²	14.0×3.17			2.80		124.26
109	11—2153	风管 630mm×400mm 保护层	10m²	23.68	11.11	10.91	0.20	—	263.08
		未计价材料:玻璃丝布,0.5mm 厚	m²	14.0×23.68			2.80		928.26
110	11—2153	风管 630mm×250mm 保护层	10m²	2.89	11.11	10.91	0.20	—	32.11
		未计价材料:玻璃丝布,0.5mm 厚	m²	14.0×2.89			2.80		113.29
111	11—2153	风管 500mm×400mm 保护层	10m²	2.19	11.11	10.91	0.20	—	24.33
		未计价材料:玻璃丝布,0.5mm 厚	m²	14.0×2.19			2.80		85.85
112	11—2153	风管 500mm×320mm 保护层	10m²	5.07	11.11	10.91	0.20	—	56.33
		未计价材料:玻璃丝布,0.5mm 厚	m²	14.0×5.07			2.80		198.74
113	11—2153	风管 500mm×250mm 保护层	10m²	1.59	11.11	10.91	0.20	—	17.66
		未计价材料:玻璃丝布,0.5mm 厚	m²	14.0×1.59			2.80		62.33
114	11—2153	风管 400mm×400mm 保护层	10m²	1.96	11.11	10.91	0.20	—	21.76
		未计价材料:玻璃丝布,0.5mm 厚	m²	14.0×1.96			2.80		76.83
115	11—2153	风管 400mm×320mm 保护层	10m²	4.27	11.11	10.91	0.20	—	47.44
		未计价材料:玻璃丝布,0.5mm 厚	m²	14.0×4.27			2.80		167.38
116	11—2153	风管 400mm×250mm 保护层	10m²	2.39	11.11	10.91	0.20	—	26.55
		未计价材料:玻璃丝布,0.5mm 厚	m²	14.0×2.39			2.80		93.69
117	11—2153	风管 320mm×250mm 保护层	10m²	1.14	11.11	10.91	0.20	—	12.66
		未计价材料:玻璃丝布,0.5mm 厚	m²	14.0×1.14			2.80		44.69
118	11—2153	风管 250mm×250mm 保护层	10m²	2.09	11.11	10.91	0.20	—	23.22
		未计价材料:玻璃丝布,0.5mm 厚	m²	14.0×2.09			2.80		81.93
119	11—2153	风管 200mm×200mm 保护层	10m²	0.23	11.11	10.91	0.20	—	2.56
		未计价材料:玻璃丝布,0.5mm 厚	m²	14.0×0.23			2.80		9.02

续表

序号	定额编号	分项工程名称	计量单位	工程量	基价(元)	人工费(元)	材料费(元)	机械费(元)	合价(元)
120	11—2153	风管 200mm×160mm 保护层	10m²	6.32	11.11	10.91	0.20	—	70.22
		未计价材料:玻璃丝布,0.5mm厚	m²	14.0×6.32			2.80		247.74
121	11—2153	风管 120mm×120mm 保护层	10m²	0.90	11.11	10.91	0.20	—	10.00
		未计价材料:玻璃丝布,0.5mm厚	m²	14.0×0.90			2.80		35.28
122	11—53	风管 1250mm×400mm 刷第一遍防锈漆	10m²	1.65	7.40	6.27	1.13	—	12.21
		未计价材料:酚醛防锈漆各色	kg	1.31×1.65			11.40		24.64
123	11—54	风管 1250mm×400mm 刷第二遍防锈漆	10m²	1.65	7.28	6.27	1.01	—	12.01
		未计价材料:酚醛防锈漆各色	kg	1.12×1.65			11.40		21.07
124	11—53	风管 1000mm×400mm 刷第一遍防锈漆	10m²	6.15	7.40	6.27	1.13	—	45.51
		未计价材料:酚醛防锈漆各色	kg	1.31×6.15			11.40		91.84
125	11—54	风管 1000mm×400mm 刷第二遍防锈漆	10m²	6.15	7.28	6.27	1.01	—	44.77
		未计价材料:酚醛防锈漆各色	kg	1.21×6.15			11.40		78.52
126	11—53	风管 800mm×400mm 刷第一遍防锈漆	10m²	2.59	7.40	6.27	1.13	—	19.17
		未计价材料:酚醛防锈漆各色	kg	1.31×2.59			11.40		38.68
127	11—54	风管 800mm×400mm 刷第二遍防锈漆	10m²	2.59	7.28	6.27	1.01	—	18.86
		未计价材料:酚醛防锈漆各色	kg	1.12×2.59			11.40		33.07
128	11—53	风管 630mm×400mm 刷第一遍防锈漆	10m²	18.78	7.40	6.27	1.13	—	138.97
		未计价材料:酚醛防锈漆各色	kg	1.31×18.78			11.40		280.46
129	11—54	风管 630mm×400mm 刷第二遍防锈漆	10m²	18.78	7.28	6.27	1.13	—	136.72
		未计价材料:酚醛防锈漆各色	kg	1.12×18.78			11.40		239.78
130	11—53	风管 630mm×250mm 刷第一遍防锈漆	10m²	2.22	7.40	6.27	1.01	—	16.43
		未计价材料:酚醛防锈漆各色	kg	1.31×2.22			11.40		33.15
131	11—54	风管 630mm×250mm 刷第二遍防锈漆	10m²	2.22	7.28	6.27	1.13	—	16.16

序号	定额编号	分项工程名称	计量单位	工程量	基价(元)	其中			合价(元)
						人工费(元)	材料费(元)	机械费(元)	
		未计价材料:酚醛防锈漆各色	kg	1.12×2.22			11.40		28.34
132	11-53	风管 500mm×400mm 刷第一遍防锈漆	10m²	1.69	7.40	6.27	1.01	—	12.51
		未计价材料:酚醛防锈漆各色	kg	1.31×1.69			11.40		25.24
133	11-54	风管 500mm×400mm 刷第二遍防锈漆	10m²	1.69	7.28	6.27	1.13	—	12.30
		未计价材料:酚醛防锈漆各色	kg	1.12×1.69			11.40		21.58
134	11-53	风管 500mm×320mm 刷第一遍防锈漆	10m²	3.82	7.40	6.27	1.01	—	28.27
		未计价材料:酚醛防锈漆各色	kg	1.31×3.82			11.40		57.05
135	11-54	风管 500mm×320mm 刷第二遍防锈漆	10m²	3.82	7.28	6.27	1.13	—	27.81
		未计价材料:酚醛防锈漆各色	kg	1.12×3.82			11.40		48.77
136	11-53	风管 500mm×250mm 刷第一遍防锈漆	10m²	1.17	7.40	6.27	1.01	—	8.66
		未计价材料:酚醛防锈漆各色	kg	1.31×1.17			11.40		17.47
137	11-54	风管 500mm×250mm 刷第二遍防锈漆	10m²	1.17	7.28	6.27	1.13	—	8.52
		未计价材料:酚醛防锈漆各色	kg	1.12×1.17			11.40		14.94
138	11-53	风管 400mm×400mm 刷第一遍防锈漆	10m²	1.47	7.40	6.27	1.01	—	10.88
		未计价材料:酚醛防锈漆各色	kg	1.31×1.47			11.40		21.95
139	11-54	风管 400mm×400mm 刷第二遍防锈漆	10m²	1.47	7.28	6.27	1.13	—	10.7
		未计价材料:酚醛防锈漆各色	kg	1.12×1.47			11.40		18.77
140	11-53	风管 400mm×320mm 刷第一遍防锈漆	10m²	3.11	7.40	6.27	1.01	—	23.01
		未计价材料:酚醛防锈漆各色	kg	1.31×3.11			11.40		46.44
141	11-54	风管 400mm×320mm 刷第二遍防锈漆	10m²	3.11	7.28	6.27	1.13	—	22.64
		未计价材料:酚醛防锈漆各色	kg	1.12×3.11			11.40		39.71
142	11-53	风管 400mm×250mm 刷第一遍防锈漆	10m²	1.69	7.40	6.27	1.01	—	12.51
		未计价材料:酚醛防锈漆各色	kg	1.31×1.69			11.40		25.24

续表

序号	定额编号	分项工程名称	计量单位	工程量	基价(元)	其中			合价(元)
						人工费(元)	材料费(元)	机械费(元)	
143	11-54	风管 400mm×250mm 刷第二遍防锈漆	10m²	1.69	7.28	6.27	1.13	—	12.30
		未计价材料:酚醛防锈漆各色	kg	1.12×1.69			11.40		21.58
144	11-53	风管 320mm×250mm 刷第一遍防锈漆	10m²	0.78	7.40	6.27	1.13	—	5.77
		未计价材料:酚醛防锈漆各色	kg	1.31×0.78			11.40		11.65
145	11-54	风管 320mm×250mm 刷第二遍防锈漆	10m²	0.78	7.28	6.27	1.01	—	5.68
		未计价材料:酚醛防锈漆各色	kg	1.31×0.78			11.40		11.65
146	11-53	风管 250mm×250mm 刷第一遍防锈漆	10m²	1.36	7.40	6.27	1.31	—	10.06
		未计价材料:酚醛防锈漆各色	kg	1.31×1.36			11.40		20.31
147	11-54	风管 250mm×250mm 刷第二遍防锈漆	10m²	1.36	7.28	6.27	1.01	—	9.90
		未计价材料:酚醛防锈漆各色	kg	1.12×1.36			11.40		17.36
148	11-53	风管 200mm×200mm 刷第一遍防锈漆	10m²	0.14	7.40	6.27	1.31	—	1.04
		未计价材料:酚醛防锈漆各色	kg	1.31×0.14			11.40		2.09
149	11-54	风管 200mm×200mm 刷第二遍防锈漆	10m²	0.14	7.28	6.27	1.01	—	44.70
		未计价材料:酚醛防锈漆各色	kg	1.12×0.14			11.40		1.79
150	11-53	风管 200mm×160mm 刷第一遍防锈漆	10m²	3.67	7.40	6.27	1.13		27.16
		未计价材料:酚醛防锈漆各色	kg	1.31×3.67			11.40		54.81
151	11-54	风管 200mm×160mm 刷第二遍防锈漆	10m²	3.67	7.28	6.27	1.01		26.72
		未计价材料:酚醛防锈漆各色	kg	1.12×3.67			11.40		46.86
152	11-54	风管 120mm×120mm 刷第二遍防锈漆	10m²	0.43	7.28	6.27	1.0	—	3.13
		未计价材料:酚醛防锈漆各色	kg	1.12×0.43			11.40		5.49
		合 计							144809.81

5.5 工程算量计量技巧

1. 在计算风管定额工程量时，风管的长度不包括部件所占长度，因此在计算风管长度时应减除部分通风部件长度，几种常见通风部件的长度分别为：

（1）蝶阀：$L=150mm$；

（2）止回阀：$L=300mm$；

（3）密闭式对开多叶调节阀：$L=210mm$；

（4）圆形风管防火阀：$L=D+240mm$，D 为管径；

（5）矩形风管防火阀：$L=B+240mm$，B 为风管的高度。

2. 在计算工程量时，如果清单计算规则与定额计算规则相同的，可以直接套用已经计算的工程量。例如风管的清单工程量计算规则和定额工程量计算规则是一样的，都是按照展开面积计算的，假设风管的清单工程量已经计算得出，那么风管的定额工程量就可以直接利用其清单工程量，可以不重复计算，减少出错率，节省时间。

3. 在计算工程量时，使用相应的公式，可以快速、便捷地计算相应子目的工程量，通风空调中常用计算公式如下：

（1）风管的展开面积计算公式：

矩形风管的展开面积 $F=2（A+B）L$

圆形风管的展开面积 $F=\Pi DL$

其中：A、B 是矩形风管的截面尺寸；

　　　D 是圆形风管的直径；

　　　L 是通风管道图示中心线长度。

（2）风管导流叶片的清单工程量有两个计量单位：m^2 和组，若以面积计量，是按设计图示以展开面积计算，其计算公式为：

圆形弯头导流叶片的面积 $F=\pi r^2 D\theta/180°$；

矩形弯头导流叶片的面积 $F=2\pi r^2\theta（A+B）/180°$

其中：r 是弯头的半径；

　　　θ 是弯曲的弧度；

　　　D 是圆形风管的直径；

　　　A、B 是矩形风管的截面尺寸。

（3）风管导流叶片的定额工程量计算规则是按制作安装图示叶片的面积计算，其计算公式为：

单叶片的面积 $F=r\theta B$

其中：r 是叶片的半径；

　　　θ 是叶片的弯曲弧度；

　　　B 是叶片的宽度。

5.6　清单综合单价详细分析

某高新产业楼通风空调工程工程量清单见表 5-7～表 5-57。

分部分项工程量清单与计价表　　表 5-7

工程名称：通风空调　　　　标段：　　　　　　　　第　页　共　页

序号	项目编码	项目名称	项目特征描述	计量单位	工程量	综合单价	合价	其中：暂估价
			附录G　通风空调工程					
1	030702001001	碳钢风管制作安装	1250mm×400mm	m²	16.50	196.74	3246.21	—
2	030702001002	碳钢风管制作安装	1000mm×400mm	m²	61.54	197.69	12165.84	—
3	030702001003	碳钢风管制作安装	800mm×400mm	m²	25.90	197.53	5116.03	—
4	030702001004	碳钢风管制作安装	630mm×400mm	m²	187.81	198.21	37225.82	—
5	030702001005	碳钢风管制作安装	630mm×250mm	m²	22.16	191.18	4236.55	—
6	030702001006	碳钢风管制作安装	500mm×400mm	m²	16.90	190.40	3217.76	—
7	030702001007	碳钢风管制作安装	500mm×320mm	m²	38.23	191.96	7338.63	—
8	030702001008	碳钢风管制作安装	500mm×250mm	m²	11.70	193.43	2263.13	—
9	030702001009	碳钢风管制作安装	400mm×400mm	m²	14.70	191.18	2810.35	—
10	030702001010	碳钢风管制作安装	400mm×320mm	m²	31.15	193.43	6021.48	—
11	030702001011	碳钢风管制作安装	400mm×250mm	m²	16.93	195.00	3301.35	—
12	030702001012	碳钢风管制作安装	320mm×250mm	m²	7.75	196.74	1524.74	—
13	030702001013	碳钢风管制作安装	250mm×250mm	m²	13.60	198.31	2697.02	—
14	030702001014	碳钢风管制作安装	200mm×200mm	m²	1.36	211.59	287.76	—
15	030702001015	碳钢风管制作安装	200mm×160mm	m²	36.69	213.15	7820.47	—
16	030702001016	碳钢风管制作安装	120mm×120mm	m²	4.25	227.65	967.51	—
17	030703001001	碳钢调节阀制作安装	手动对开多叶，1250mm×400mm	个	1	561.46	561.46	—
18	030703001002	碳钢调节阀制作安装	手动对开多叶，1000mm×400mm	个	1	461.67	461.67	—
19	030703001003	碳钢调节阀制作安装	手动对开多叶，800mm×400mm	个	2	400.77	801.54	—
20	030703001004	碳钢调节阀制作安装	手动对开多叶，630mm×400mm	个	1	352.80	352.80	—
21	030703001005	碳钢调节阀制作安装	手动对开多叶，630mm×250mm	个	1	301.11	301.11	—
22	030703001006	碳钢调节阀制作安装	手动对开多叶，500mm×400mm	个	1	310.34	310.34	—
23	030703001007	碳钢调节阀制作安装	手动对开多叶，400mm×400mm	个	1	290.04	290.04	—
24	030703001008	碳钢调节阀制作安装	钢制蝶阀，500mm×320mm	个	1	333.37	333.37	—

续表

序号	项目编码	项目名称	项目特征描述	计量单位	工程量	金额（元）		
						综合单价	合价	其中：暂估价
			附录 G　通风空调工程					
25	030703001009	碳钢调节阀制作安装	钢制蝶阀，400mm×320mm	个	4	267.82	1071.28	—
26	030703001010	碳钢调节阀制作安装	钢制蝶阀，400mm×250mm	个	1	171.30	171.30	
27	030703001011	碳钢调节阀制作安装	钢制蝶阀，250mm×250mm	个	3	142.34	427.02	—
28	030703001012	碳钢调节阀制作安装	钢制蝶阀，200mm×160mm	个	7	106.63	746.41	
29	030703007001	碳钢风口制作安装	单层百叶，500mm×400mm	个	3	137.65	412.95	
30	030703007002	碳钢风口制作安装	单层百叶，400mm×400mm	个	2	115.73	231.46	
31	030703007003	碳钢风口制作安装	单层百叶，400mm×300mm	个	3	106.35	319.05	
32	030703007004	碳钢风口制作安装	双层百叶，200mm×160mm	个	14	85.56	1197.84	
33	030703007005	碳钢风口制作安装	矩形风口，500mm×400mm	个	8	448.14	3585.12	
34	030703007006	碳钢风口制作安装	矩形风口，400mm×400mm	个	20	366.45	7329.00	
35	030703007007	碳钢风口制作安装	矩形风口，320mm×250mm	个	4	307.37	1229.48	
36	030703007008	碳钢风口制作安装	连动百叶风口，400mm×330mm	个	5	172.77	863.85	
37	030703007009	碳钢风口制作安装	方形散流器，320mm×320mm	个	9	284.19	2557.71	
38	030703007010	碳钢风口制作安装	方形散流器，250mm×250mm	个	3	202.85	608.55	
39	030701003001	空调器	空调机组 K—D—1	台	1	5156.71	5156.71	
40	030701003002	空调器	空调机组 K—D—2	台	1	5156.71	5156.71	
41	030701003003	空调器	空调机组 K—D—3	台	1	5156.71	5156.71	
42	030701003004	空调器	立式新风机组，X—D—1	台	1	5134.76	5156.71	
43	030701004001	风机盘管	FP—10	台	4	2160.70	8642.80	—
44	030701004002	风机盘管	FP—8	台	10	2160.70	21607.00	—
45	030701004003	风机盘管	FP—6.3	台	4	2160.70	8642.80	—
46	030108001001	离心式通风机	排风机 P—D—1	台	1	2425.69	2425.69	
47	030108003001	轴流式通风机	吊顶式排气扇 Pθ—40	台	2	912.25	1824.50	—
48	030108003002	轴流式通风机	吊顶式排气扇 Pθ—09	台	1	912.25	912.25	—
49	030703020001	消声器制作安装	单层阻抗复合式，1250mm×400mm	个	1	1699.34	1699.34	—
50	030703020002	消声器制作安装	双层阻抗复合式，1250mm×400mm	个	1	3338.68	3338.68	—
			本页小计					
			合　计					

工程量清单综合单价分析表 表 5-8

工程名称：通风空调　　　　　　　　标段：　　　　　　　　第　页　共　页

项目编码	030702001001	项目名称	碳钢风管制作安装	计量单位	m²	工程量	16.50

清单综合单价组成明细

定额编号	定额名称	定额单位	数量	单　价（元）				合　价（元）			
				人工费	材料费	机械费	管理费和利润	人工费	材料费	机械费	管理费和利润
9—7	1250mm×400mm 风管工程量	10m²	0.10	115.87	167.99	11.68	249.58	11.59	16.80	1.17	24.96
11—2118	保温层	m³	0.067	92.65	73.65	60.74	199.57	6.21	4.93	4.07	13.37
11—2159	防潮层	10m²	0.12	11.15	8.93	—	24.02	1.38	1.07	—	2.88
11—2153	保护层	10m²	0.12	10.91	0.20	—	23.50	1.31	0.02	—	2.82
11—53	刷第一遍防锈漆	10m²	0.10	6.27	1.13	—	13.50	0.63	0.11	—	1.35
11—54	刷第二遍防锈漆	10m²	0.10	6.27	1.01	—	13.50	0.63	0.10	—	1.35
人工单价		小　计						21.75	23.03	5.24	46.73
23.22 元/工日		未计价材料费						99.99			
清单项目综合单价								196.74			

主要材料名称、规格、型号	单位	数量	单价（元）	合价（元）	暂估单价（元）	暂估合价（元）
镀锌钢板，δ1	kg	11.38× 0.10× 7.85	7.30	65.21		
可发性聚氨酯泡沫塑料	kg	62.5× 0.067	5.68	23.78		
油毡纸，350g	m²	14.0× 0.12	2.10	3.53		
玻璃丝布，0.5mm 厚	m²	14.0× 0.12	2.80	4.70		
酚醛防锈漆各色	kg	(1.31+ 1.12)× 0.10	11.40	2.77		
其他材料费			—		—	
材料费小计			—	99.99	—	

材料费明细

工程量清单综合单价分析表 表 5-9

工程名称：通风空调　　　　　　　　标段：　　　　　　　　第　页　共　页

项目编码	030702001002	项目名称	碳钢风管制作安装	计量单位	m²	工程量	61.54

清单综合单价组成明细

定额编号	定额名称	定额单位	数量	单　价（元）				合　价（元）			
				人工费	材料费	机械费	管理费和利润	人工费	材料费	机械费	管理费和利润
9—7	1000mm × 400mm 风管工程量	10m²	0.10	115.87	167.99	11.68	249.58	11.59	16.80	1.17	24.96

清单综合单价组成明细

定额编号	定额名称	定额单位	数量	单价（元）				合价（元）			
				人工费	材料费	机械费	管理费和利润	人工费	材料费	机械费	管理费和利润
11—2118	保温层	m³	0.067	92.65	73.65	60.74	199.57	6.21	4.93	4.07	13.37
11—2159	防潮层	10m²	0.12	11.15	8.93	—	24.02	1.38	1.07	—	2.88
11—2153	保护层	10m²	0.12	10.91	0.20	—	23.50	1.31	0.02	—	2.82
11—53	刷第一遍防锈漆	10m²	0.10	6.27	1.13	—	13.50	0.63	0.11	—	1.35
11—54	刷第二遍防锈漆	10m²	0.10	6.27	1.01	—	13.50	0.63	0.10	—	1.35
9—40	弯头导流叶片	10m²	0.006	36.69	43.25	—	79.03	0.22	0.26	—	0.47
人工单价				小　计				21.97	23.29	5.24	47.20
23.22 元/工日				未计价材料费				99.99			
清单项目综合单价								197.69			

	主要材料名称、规格、型号	单位	数量	单价（元）	合价（元）	暂估单价（元）	暂估合价（元）
材料费明细	镀锌钢板，δ1	kg	11.38×0.10×7.85	7.30	65.21		
	可发性聚氨酯泡沫塑料	kg	62.5×0.067	5.68	23.78		
	油毡纸，350g	m²	14.0×0.12	2.10	3.53		
	玻璃丝布，0.5mm 厚	m²	14.0×0.12	2.80	4.70		
	酚醛防锈漆各色	kg	(1.31+1.12)×0.10	11.40	2.77		
	其他材料费			—		—	
	材料费小计			—	99.99	—	

工程量清单综合单价分析表　　　　　表 5-10

工程名称：通风空调　　　　　　标段：　　　　　　　第　页　共　页

项目编码	030702001003	项目名称	碳钢风管制作安装	计量单位	m²	工程量	25.90

清单综合单价组成明细

定额编号	定额名称	定额单位	数量	单价（元）				合价（元）			
				人工费	材料费	机械费	管理费和利润	人工费	材料费	机械费	管理费和利润
9—7	800mm×400mm 风管工程量	10m²	0.10	115.87	167.99	11.68	249.58	11.59	16.80	1.17	24.96
11—2118	保温层	m³	0.068	92.65	73.65	60.74	199.57	6.30	5.01	4.13	13.37
11—2159	防潮层	10m²	0.12	11.15	8.93	—	24.02	1.38	1.07	—	2.88
11—2153	保护层	10m²	0.12	10.91	0.20	—	23.50	1.31	0.02	—	2.82

续表

清单综合单价组成明细

定额编号	定额名称	定额单位	数量	单价(元)				合价(元)			
				人工费	材料费	机械费	管理费和利润	人工费	材料费	机械费	管理费和利润
11—53	刷第一遍防锈漆	10m²	0.10	6.27	1.13	—	13.50	0.63	0.11	—	1.35
11—54	刷第二遍防锈漆	10m²	0.10	6.27	1.01	—	13.50	0.63	0.10	—	1.35
人工单价		小　计						21.84	23.11	5.30	46.93
23.22 元/工日		未计价材料费						100.35			
清单项目综合单价								197.53			

材料费明细	主要材料名称、规格、型号	单位	数量	单价(元)	合价(元)	暂估单价(元)	暂估合价(元)
	镀锌钢板,δ1	kg	11.38×0.10×7.85	7.30	65.21		
	可发性聚氨酯泡沫塑料	kg	62.5×0.068	5.68	24.14		
	油毡纸,350g	m²	14.0×0.12	2.10	3.53		
	玻璃丝布,0.5mm 厚	m²	14.0×0.12	2.80	4.70		
	酚醛防锈漆各色	kg	(1.31+1.12)×0.10	11.40	2.77		
	其他材料费			—		—	
	材料费小计			—	100.35	—	

工程量清单综合单价分析表　　　　表 5-11

工程名称：通风空调　　　标段：　　　第 页共 页

项目编码	030702001004	项目名称	碳钢风管制作安装	计量单位	m²	工程量	187.81

清单综合单价组成明细

定额编号	定额名称	定额单位	数量	单价(元)				合价(元)			
				人工费	材料费	机械费	管理费和利润	人工费	材料费	机械费	管理费和利润
9—7	630mm×400mm 风管工程量	10m²	0.10	115.87	167.99	11.68	249.58	11.59	16.80	1.17	24.96
11—2118	保温层	m³	0.066	92.65	73.65	60.74	199.57	6.11	4.86	4.01	13.37
11—2159	防潮层	10m²	0.13	11.15	8.93	—	24.02	1.45	1.16	—	3.12
11—2153	保护层	10m²	0.13	10.91	0.20	—	23.50	1.42	0.03	—	3.06
11—53	刷第一遍防锈漆	10m²	0.10	6.27	1.13	—	13.50	0.63	0.11	—	1.35
11—54	刷第二遍防锈漆	10m²	0.10	6.27	1.01	—	13.50	0.63	0.10	—	1.35

清单综合单价组成明细

定额编号	定额名称	定额单位	数量	单价(元)				合价(元)			
				人工费	材料费	机械费	管理费和利润	人工费	材料费	机械费	管理费和利润
9—40	弯头导流叶片	10m²	0.005	36.69	43.25	—	79.03	0.18	0.22	—	0.40
人工单价			小　计					22.01	23.28	5.18	47.41
23.22元/工日			未计价材料费					100.33			
清单项目综合单价								198.21			

材料费明细	主要材料名称、规格、型号	单位	数量	单价(元)	合价(元)	暂估单价(元)	暂估合价(元)
	镀锌钢板，δ1	kg	11.38×0.10×7.85	7.30	65.21		
	可发性聚氨酯泡沫塑料	kg	62.5×0.066	5.68	23.43		
	油毡纸，350g	m²	14.0×0.13	2.10	3.82		
	玻璃丝布，0.5mm厚	m²	14.0×0.13	2.80	5.10		
	酚醛防锈漆各色	kg	(1.31+1.12)×0.10	11.40	2.77		
	其他材料费			—		—	
	材料费小计			—	100.33		

工程量清单综合单价分析表

表 5-12

工程名称：通风空调　　　　　　　　标段：　　　　　　　　第　页　共　页

项目编码	030702001005	项目名称	碳钢风管制作安装	计量单位	m²	工程量	22.16

清单综合单价组成明细

定额编号	定额名称	定额单位	数量	单价(元)				合价(元)			
				人工费	材料费	机械费	管理费和利润	人工费	材料费	机械费	管理费和利润
9—6	630mm×250mm风管工程量	10m²	0.10	154.18	213.52	19.35	332.10	15.42	21.35	1.94	33.21
11—2118	保温层	m³	0.071	92.65	73.65	60.74	199.57	6.58	5.23	4.31	14.17
11—2159	防潮层	10m²	0.13	11.15	8.93	—	24.02	1.45	1.16	—	3.12
11—2153	保护层	10m²	0.13	10.91	0.20	—	23.50	1.42	0.03	—	3.06
11—53	刷第一遍防锈漆	10m²	0.10	6.27	1.13	—	13.50	0.63	0.11	—	1.35
11—54	刷第二遍防锈漆	10m²	0.10	6.27	1.01	—	13.50	0.63	0.10	—	1.35
人工单价			小　计					26.13	27.98	6.25	56.26
23.22元/工日			未计价材料费					74.56			
清单项目综合单价								191.18			

	主要材料名称、规格、型号	单位	数量	单价(元)	合价(元)	暂估单价(元)	暂估合价(元)
材料费明细	镀锌钢板,δ0.75	m²	11.38×0.10	33.10	37.67		
	可发性聚氨酯泡沫塑料	kg	62.5×0.071	5.68	25.20		
	油毡纸,350g	m²	14.0×0.13	2.10	3.82		
	玻璃丝布,0.5mm厚	m²	14.0×0.13	2.80	5.10		
	酚醛防锈漆各色	kg	(1.31+1.12)×0.10	11.40	2.77		
	其他材料费			—		—	
	材料费小计			—	74.56	—	

工程量清单综合单价分析表

表 5-13

工程名称:通风空调　　　　　　标段:　　　　　　　　第 页 共 页

项目编码	030702001006	项目名称	碳钢风管制作安装	计量单位	m²	工程量	16.90

清单综合单价组成明细

定额编号	定额名称	定额单位	数量	单价(元)				合价(元)			
				人工费	材料费	机械费	管理费和利润	人工费	材料费	机械费	管理费和利润
9—6	500mm×400mm 风管工程量	10m²	0.10	154.18	213.52	19.35	332.10	15.42	21.35	1.94	33.21
11—2118	保温层	m³	0.070	92.65	73.65	60.74	199.57	6.48	5.16	4.25	13.97
11—2159	防潮层	10m²	0.13	11.15	8.93	—	24.02	1.45	1.16	—	3.12
11—2153	保护层	10m²	0.13	10.91	0.20	—	23.50	1.42	0.03	—	3.06
11—53	刷第一遍防锈漆	10m²	0.10	6.27	1.13	—	13.50	0.63	0.11	—	1.35
11—54	刷第二遍防锈漆	10m²	0.10	6.27	1.01	—	13.50	0.63	0.10	—	1.35
人工单价		小　计						26.03	27.91	6.19	56.06
23.22 元/工日		未计价材料费					74.21				
		清单项目综合单价					190.40				

	主要材料名称、规格、型号	单位	数量	单价(元)	合价(元)	暂估单价(元)	暂估合价(元)
材料费明细	镀锌钢板,δ0.75	m²	11.38×0.10	33.10	37.67		
	可发性聚氨酯泡沫塑料	kg	62.5×0.070	5.68	24.85		
	油毡纸,350g	m²	14.0×0.13	2.10	3.82		

续表

材料费明细	主要材料名称、规格、型号	单位	数量	单价(元)	合价(元)	暂估单价(元)	暂估合价(元)
	玻璃丝布,0.5mm 厚	m²	14.0×0.13	2.80	5.10		
	酚醛防锈漆各色	kg	(1.31+1.12)×0.10	11.40	2.77		
	其他材料费			—		—	
	材料费小计			—	74.21	—	

工程量清单综合单价分析表

表 5-14

工程名称：通风空调 　　　　　标段：　　　　　第　页　共　页

项目编码	030702001007	项目名称	碳钢风管制作安装	计量单位	m²	工程量	38.23

清单综合单价组成明细

定额编号	定额名称	定额单位	数量	单价(元)				合价(元)			
				人工费	材料费	机械费	管理费和利润	人工费	材料费	机械费	管理费和利润
9-6	500mm×320mm 风管工程量	10m²	0.10	154.18	213.52	19.35	332.10	15.42	21.35	1.94	33.21
11-2118	保温层	m³	0.072	92.65	73.65	60.74	199.57	6.67	5.30	4.37	14.37
11-2159	防潮层	10m²	0.13	11.15	8.93	—	24.02	1.45	1.16	—	3.12
11-2153	保护层	10m²	0.13	10.91	0.20	—	23.50	1.42	0.03	—	3.06
11-53	刷第一遍防锈漆	10m²	0.10	6.27	1.13	—	13.50	0.63	0.11	—	1.35
11-54	刷第二遍防锈漆	10m²	0.10	6.27	1.01	—	13.50	0.63	0.10	—	1.35
人工单价			小　计					26.22	28.05	6.31	56.46
23.22 元/工日			未计价材料费					74.92			
清单项目综合单价								191.96			

材料费明细	主要材料名称、规格、型号	单位	数量	单价(元)	合价(元)	暂估单价(元)	暂估合价(元)
	镀锌钢板,δ0.75	m²	11.38×0.10	33.10	37.67		
	可发性聚氨酯泡沫塑料	kg	62.5×0.072	5.68	25.56		
	油毡纸,350g	m²	14.0×0.13	2.10	3.82		
	玻璃丝布,0.5mm 厚	m²	14.0×0.13	2.80	5.10		
	酚醛防锈漆各色	kg	(1.31+1.12)×0.10	11.40	2.77		
	其他材料费			—		—	
	材料费小计			—	74.92	—	

工程量清单综合单价分析表

表 5-15

工程名称：通风空调　　　　　　　　标段：　　　　　　　　第　页 共　页

| 项目编码 | 030702001008 | 项目名称 | 碳钢风管制作安装 | 计量单位 | m² | 工程量 | 11.70 |

清单综合单价组成明细

定额编号	定额名称	定额单位	数量	单　价（元）				合　价（元）			
				人工费	材料费	机械费	管理费和利润	人工费	材料费	机械费	管理费和利润
9—6	500mm×250mm 风管工程量	10m²	0.10	154.18	213.52	19.35	332.10	15.42	21.35	1.94	33.21
11—2118	保温层	m³	0.072	92.65	73.65	60.74	199.57	6.67	5.30	4.37	14.37
11—2159	防潮层	10m²	0.14	11.15	8.93	—	24.02	1.56	1.25	—	3.36
11—2153	保护层	10m²	0.14	10.91	0.20	—	23.50	1.53	0.03	—	3.29
11—53	刷第一遍防锈漆	10m²	0.10	6.27	1.13	—	13.50	0.63	0.11	—	1.35
11—54	刷第二遍防锈漆	10m²	0.10	6.27	1.01	—	13.50	0.63	0.10	—	1.35
人工单价			小　计					26.44	28.14	6.31	56.93
23.22 元/工日			未计价材料费					75.61			
		清单项目综合单价						193.43			

材料费明细	主要材料名称、规格、型号	单位	数量	单价（元）	合价（元）	暂估单价（元）	暂估合价（元）
	镀锌钢板，δ0.75	m²	11.38×0.10	33.10	37.67		
	可发性聚氨酯泡沫塑料	kg	62.5×0.072	5.68	25.56		
	油毡纸，350g	m²	14.0×0.14	2.10	4.12		
	玻璃丝布，0.5mm 厚	m²	14.0×0.14	2.80	5.49		
	酚醛防锈漆各色	kg	(1.31+1.12)×0.10	11.40	2.77		
	其他材料费			—		—	
	材料费小计			—	75.61	—	

工程量清单综合单价分析表

表 5-16

工程名称：通风空调　　　　　　　　标段：　　　　　　　　第　页 共　页

| 项目编码 | 030702001009 | 项目名称 | 碳钢风管制作安装 | 计量单位 | m² | 工程量 | 14.70 |

清单综合单价组成明细

定额编号	定额名称	定额单位	数量	单　价（元）				合　价（元）			
				人工费	材料费	机械费	管理费和利润	人工费	材料费	机械费	管理费和利润
9—6	400mm×400mm 风管工程量	10m²	0.10	154.18	213.52	19.35	332.10	15.42	21.35	1.94	33.21
11—2118	保温层	m³	0.071	92.65	73.65	60.74	199.57	6.58	5.23	4.31	14.17

续表

清单综合单价组成明细

定额编号	定额名称	定额单位	数量	单价（元）				合价（元）			
				人工费	材料费	机械费	管理费和利润	人工费	材料费	机械费	管理费和利润
11—2159	防潮层	10m²	0.13	11.15	8.93	—	24.02	1.45	1.16	—	3.12
11—2153	保护层	10m²	0.13	10.91	0.20	—	23.50	1.42	0.03	—	3.06
11—53	刷第一遍防锈漆	10m²	0.10	6.27	1.13	—	13.50	0.63	0.11	—	1.35
11—54	刷第二遍防锈漆	10m²	0.10	6.27	1.01	—	13.50	0.63	0.10	—	1.35
人工单价			小　计					26.13	27.98	6.25	56.26
23.22 元/工日			未计价材料费					74.56			
清单项目综合单价								191.18			

材料费明细	主要材料名称、规格、型号	单位	数量	单价（元）	合价（元）	暂估单价（元）	暂估合价（元）
	镀锌钢板，δ0.75	m²	11.38×0.10	33.10	37.67		
	可发性聚氨酯泡沫塑料	kg	62.5×0.071	5.68	25.20		
	油毡纸，350g	m²	14.0×0.13	2.10	3.82		
	玻璃丝布，0.5mm厚	m²	14.0×0.13	2.80	5.10		
	酚醛防锈漆各色	kg	(1.31+1.12)×0.10	11.40	2.77		
	其他材料费			—		—	
	材料费小计			—	74.56	—	

工程量清单综合单价分析表　　　　表 5-17

工程名称：通风空调　　　　标段：　　　　第　页　共　页

项目编码	030702001010	项目名称	碳钢风管制作安装	计量单位	m²	工程量	31.15

清单综合单价组成明细

定额编号	定额名称	定额单位	数量	单价（元）				合价（元）			
				人工费	材料费	机械费	管理费和利润	人工费	材料费	机械费	管理费和利润
9—6	400mm×320mm 风管工程量	10m²	0.10	154.18	213.52	19.35	332.10	15.42	21.35	1.94	33.21
11—2118	保温层	m³	0.072	92.65	73.65	60.74	199.57	6.67	5.30	4.37	14.37
11—2159	防潮层	10m²	0.14	11.15	8.93	—	24.02	1.56	1.25	—	3.36
11—2153	保护层	10m²	0.14	10.91	0.20	—	23.50	1.53	0.03	—	3.29
11—53	刷第一遍防锈漆	10m²	0.10	6.27	1.13	—	13.50	0.63	0.11	—	1.35

清单综合单价组成明细

定额编号	定额名称	定额单位	数量	单 价(元)				合 价(元)			
				人工费	材料费	机械费	管理费和利润	人工费	材料费	机械费	管理费和利润
11—54	刷第二遍防锈漆	10m²	0.10	6.27	1.01	—	13.50	0.63	0.10	—	1.35
人工单价			小　计					26.44	28.14	6.31	56.93
23.22 元/工日			未计价材料费					75.61			
清单项目综合单价								193.43			

	主要材料名称、规格、型号	单位	数量	单价(元)	合价(元)	暂估单价(元)	暂估合价(元)
材料费明细	镀锌钢板,δ0.75	m²	11.38×0.10	33.10	37.67		
	可发性聚氨酯泡沫塑料	kg	62.5×0.072	5.68	25.56		
	油毡纸,350g	m²	14.0×0.14	2.10	4.12		
	玻璃丝布,0.5mm 厚	m²	14.0×0.14	2.80	5.49		
	酚醛防锈漆各色	kg	(1.31+1.12)×0.10	11.40	2.27		
	其他材料费			—		—	
	材料费小计				75.61		

工程量清单综合单价分析表　　　表 5-18

工程名称：通风空调　　　　　　　标段：　　　　　　第　页 共　页

项目编码	030702001011	项目名称	碳钢风管制作安装	计量单位	m²	工程量	16.93

清单综合单价组成明细

定额编号	定额名称	定额单位	数量	单 价(元)				合 价(元)			
				人工费	材料费	机械费	管理费和利润	人工费	材料费	机械费	管理费和利润
9—6	400mm×250mm 风管工程量	10m²	0.10	154.18	213.52	19.35	332.10	15.42	21.35	1.94	33.21
11—2118	保温层	m³	0.074	92.65	73.65	60.74	199.57	6.86	5.45	4.49	14.77
11—2159	防潮层	10m²	0.14	11.15	8.93	—	24.02	1.56	1.25	—	3.36
11—2153	保护层	10m²	0.14	10.91	0.20	—	23.50	1.53	0.03	—	3.29
11—53	刷第一遍防锈漆	10m²	0.10	6.27	1.13	—	13.50	0.63	0.11	—	1.35
11—54	刷第二遍防锈漆	10m²	0.10	6.27	1.01	—	13.50	0.63	0.10	—	1.35
人工单价			小　计					26.63	28.29	6.43	57.33
23.22 元/工日			未计价材料费					76.32			
清单项目综合单价								195.00			

续表

主要材料名称、规格、型号	单位	数量	单价(元)	合价(元)	暂估单价(元)	暂估合价(元)
镀锌钢板,δ0.75	m²	11.38×0.10	33.10	37.67		
可发性聚氨酯泡沫塑料	kg	62.5×0.074	5.68	26.27		
油毡纸,350g	m²	14.0×0.14	2.10	4.12		
玻璃丝布,0.5mm厚	m²	14.0×0.14	2.80	5.49		
酚醛防锈漆各色	kg	(1.31+1.12)×0.10	11.40	2.77		
其他材料费			—			
材料费小计			—	76.32	—	

材料费明细

工程量清单综合单价分析表

表 5-19

工程名称：通风空调   标段：   第 页 共 页

项目编码	030702001012	项目名称	碳钢风管制作安装	计量单位	m²	工程量	7.75

清单综合单价组成明细

定额编号	定额名称	定额单位	数量	单价(元)				合价(元)			
				人工费	材料费	机械费	管理费和利润	人工费	材料费	机械费	管理费和利润
9-6	320mm×250mm风管工程量	10m²	0.10	154.18	213.52	19.35	332.10	15.42	21.35	1.94	33.21
11-2118	保温层	m³	0.075	92.65	73.65	60.74	199.57	6.95	5.52	4.56	14.97
11-2159	防潮层	10m²	0.15	11.15	8.93	—	24.02	1.67	1.34	—	3.60
11-2153	保护层	10m²	0.15	10.91	0.20	—	23.50	1.64	0.03	—	3.52
11-53	刷第一遍防锈漆	10m²	0.10	6.27	1.13	—	13.50	0.63	0.11	—	1.35
11-54	刷第二遍防锈漆	10m²	0.10	6.27	1.01	—	13.50	0.63	0.10	—	1.35
人工单价		小　计						26.94	28.45	6.50	58.00
23.22元/工日		未计价材料费						76.85			
清单项目综合单价								196.74			

主要材料名称、规格、型号	单位	数量	单价(元)	合价(元)	暂估单价(元)	暂估合价(元)
镀锌钢板,δ0.75	m²	11.38×0.10	33.10	37.67		
可发性聚氨酯泡沫塑料	kg	62.5×0.075	5.68	26.62		
油毡纸,350g	m²	14.0×0.15	2.10	4.41		

材料费明细

续表

	主要材料名称、规格、型号	单位	数量	单价（元）	合价（元）	暂估单价（元）	暂估合价（元）
材料费明细	玻璃丝布,0.5mm厚	m²	14.0×0.15	2.80	5.88		
	酚醛防锈漆各色	kg	(1.31+1.12)×0.10	11.40	2.27		
	其他材料费			—		—	
	材料费小计			—	76.85	—	

工程量清单综合单价分析表

表 5-20

工程名称：通风空调 标段： 第 页 共 页

项目编码	030702001013	项目名称	碳钢风管制作安装	计量单位	m²	工程量	13.60

清单综合单价组成明细

定额编号	定额名称	定额单位	数量	单价（元）				合 价（元）			
				人工费	材料费	机械费	管理费和利润	人工费	材料费	机械费	管理费和利润
9—6	250mm×250mm 风管工程量	10m²	0.10	154.18	213.52	19.35	332.10	15.42	21.35	1.94	33.21
11—2118	保温层	m³	0.077	92.65	73.65	60.74	199.57	7.13	5.67	4.68	15.37
11—2159	防潮层	10m²	0.15	11.15	8.93	—	24.02	1.67	1.34	—	3.60
11—2153	保护层	10m²	0.15	10.91	0.20	—	23.50	1.64	0.03	—	3.52
11—53	刷第一遍防锈漆	10m²	0.10	6.27	1.13	—	13.50	0.63	0.11	—	1.35
11—54	刷第二遍防锈漆	10m²	0.10	6.27	1.01	—	13.50	0.63	0.10	—	1.35
人工单价			小　计					27.12	28.60	6.62	58.40
23.22 元/工日			未计价材料费					77.57			
	清单项目综合单价							198.31			

	主要材料名称、规格、型号	单位	数量	单价（元）	合价（元）	暂估单价（元）	暂估合价（元）
材料费明细	镀锌钢板,δ0.75	m²	11.38×0.10	33.10	37.67		
	可发性聚氨酯泡沫塑料	kg	62.5×0.077	5.68	27.34		
	油毡纸,350g	m²	14.0×0.15	2.10	4.41		
	玻璃丝布,0.5mm厚	m²	14.0×0.15	2.80	5.88		
	酚醛防锈漆各色	kg	(1.31+1.12)×0.10	11.40	2.27		
	其他材料费			—		—	
	材料费小计			—	77.57	—	

工程量清单综合单价分析表 表 5-21

工程名称：通风空调　　　　　　　　标段：　　　　　　　　第 页 共 页

项目编码	030702001014	项目名称	碳钢风管制作安装	计量单位	m²	工程量	1.36

清单综合单价组成明细

定额编号	定额名称	定额单位	数量	单价（元）				合价（元）			
				人工费	材料费	机械费	管理费和利润	人工费	材料费	机械费	管理费和利润
9—5	200mm×200mm 风管工程量	10m²	0.10	211.77	196.98	32.90	456.15	21.18	19.70	3.29	45.62
11—2118	保温层	m³	0.081	92.65	73.65	60.74	199.57	7.50	5.96	4.92	16.16
11—2159	防潮层	10m²	0.17	11.15	8.93	—	24.02	1.90	1.52	—	4.08
11—2153	保护层	10m²	0.17	10.91	0.20	—	23.50	1.85	0.03	—	4.00
11—53	刷第一遍防锈漆	10m²	0.10	6.27	1.13	—	13.50	0.63	0.11	—	1.35
11—54	刷第二遍防锈漆	10m²	0.10	6.27	1.01	—	13.50	0.63	0.10	—	1.35
人工单价			小　计					33.69	27.42	8.21	72.56
23.22 元/工日			未计价材料费					69.71			
			清单项目综合单价					21.59			

	主要材料名称、规格、型号	单位	数量	单价（元）	合价（元）	暂估单价（元）	暂估合价（元）
材料费明细	镀锌钢板，δ0.5	m²	11.38×0.10×3.925	6.05	27.02		
	可发性聚氨酯泡沫塑料	kg	62.5×0.081	5.68	28.76		
	油毡纸，350g	m²	14.0×0.17	2.10	5.00		
	玻璃丝布，0.5mm 厚	m²	14.0×0.17	2.80	6.66		
	酚醛防锈漆各色	kg	(1.31＋1.12)×0.10	11.40	2.27		
	其他材料费			—		—	
	材料费小计			—	69.71	—	

工程量清单综合单价分析表 表 5-22

工程名称：通风空调　　　　　　　　标段：　　　　　　　　第 页 共 页

项目编码	030702001015	项目名称	碳钢风管制作安装	计量单位	m²	工程量	36.69

清单综合单价组成明细

定额编号	定额名称	定额单位	数量	单价（元）				合价（元）			
				人工费	材料费	机械费	管理费和利润	人工费	材料费	机械费	管理费和利润
9—5	200mm×160mm 风管工程量	10m²	0.10	211.77	196.98	32.90	456.15	21.18	19.70	3.29	45.62

清单综合单价组成明细

定额编号	定额名称	定额单位	数量	单价（元）				合价（元）			
				人工费	材料费	机械费	管理费和利润	人工费	材料费	机械费	管理费和利润
11—2118	保温层	m³	0.083	92.65	73.65	60.74	199.57	7.69	6.11	5.04	16.56
11—2159	防潮层	10m²	0.17	11.15	8.93	—	24.02	1.90	1.52	—	4.08
11—2153	保护层	10m²	0.17	10.91	0.20	—	23.50	1.85	0.03		4.00
11—53	刷第一遍防锈漆	10m²	0.10	6.27	1.13	—	13.50	0.63	0.11		1.35
11—54	刷第二遍防锈漆	10m²	0.10	6.27	1.01	—	13.50	0.63	0.10		1.35
人工单价		小　计						33.88	27.57	8.33	72.96
23.22 元/工日		未计价材料费						70.41			
清单项目综合单价								213.15			

	主要材料名称、规格、型号	单位	数量	单价（元）	合价（元）	暂估单价（元）	暂估合价（元）
材料费明细	镀锌钢板,δ0.5	m²	11.38×0.10×3.925	6.05	27.02		
	可发性聚氨酯泡沫塑料	kg	62.5×0.083	5.68	29.46		
	油毡纸,350g	m²	14.0×0.17	2.10	5.00		
	玻璃丝布,0.5mm 厚	m²	14.0×0.17	2.80	6.66		
	酚醛防锈漆各色	kg	(1.31+1.12)×0.10	11.40	2.27		
	其他材料费			—		—	
	材料费小计			—	70.41		

工程量清单综合单价分析表　　　　　表 5-23

工程名称：通风空调　　　　　　标段：　　　　　　第　页 共　页

项目编码	030702001016	项目名称	碳钢风管制作安装	计量单位	m²	工程量	4.25

清单综合单价组成明细

定额编号	定额名称	定额单位	数量	单价（元）				合价（元）			
				人工费	材料费	机械费	管理费和利润	人工费	材料费	机械费	管理费和利润
9—5	120mm×120mm 风管工程量	10m²	0.10	211.77	196.98	32.90	456.15	21.18	19.70	3.29	45.62
11—2118	保温层	m³	0.094	92.65	73.65	60.74	199.57	8.71	6.92	5.71	18.76
11—2159	防潮层	10m²	0.21	11.15	8.93	—	24.02	2.34	1.88	—	5.04
11—2153	保护层	10m²	0.21	10.91	0.20	—	23.50	2.29	0.04	—	4.94

续表

清单综合单价组成明细

定额编号	定额名称	定额单位	数量	单价（元）				合价（元）			
				人工费	材料费	机械费	管理费和利润	人工费	材料费	机械费	管理费和利润
11—53	刷第一遍防锈漆	10m²	0.10	6.27	1.13	—	13.50	0.63	0.11		1.35
11—54	刷第二遍防锈漆	10m²	0.10	6.27	1.01	—	13.50	0.63	0.10		1.35
人工单价			小　计					35.78	28.75	9.00	77.06
23.22 元/工日			未计价材料费						77.06		
			清单项目综合单价						227.65		

材料费明细	主要材料名称、规格、型号	单位	数量	单价（元）	合价（元）	暂估单价（元）	暂估合价（元）
	镀锌钢板，δ0.5	kg	11.38×0.10×3.925	6.05	27.02		
	可发性聚氨酯泡沫塑料	kg	62.5×0.094	5.68	33.37		
	油毡纸，350g	m²	14.0×0.21	2.10	6.17		
	玻璃丝布，0.5mm 厚	m²	14.0×0.21	2.80	8.23		
	酚醛防锈漆各色	kg	(1.31+1.12)×0.10	11.40	2.27		
	其他材料费			—		—	
	材料费小计			—	77.06	—	

工程量清单综合单价分析表　　　　表 5-24

工程名称：　　　　　　　　　标段：　　　　　　　　第　页　共　页

项目编码	030703001001	项目名称	碳钢调节阀制作安装	计量单位	个	工程量	1

清单综合单价组成明细

定额编号	定额名称	定额单位	数量	单价（元）				合价（元）			
				人工费	材料费	机械费	管理费和利润	人工费	材料费	机械费	管理费和利润
9—62	手动对开多叶调节阀 1250mm×400mm 制作	100kg	0.274	344.58	546.37	212.34	742.22	94.41	149.70	58.18	203.37
9—85	手动对开多叶调节阀 1250mm×400mm 安装	个	1	11.61	19.18	—	25.01	11.61	19.18		25.01
人工单价			小　计					106.02	168.88	58.18	228.38
23.22 元/工日			未计价材料费						—		
			清单项目综合单价						561.46		

续表

材料费明细	主要材料名称、规格、型号		单位	数量	单价(元)	合价(元)	暂估单价(元)	暂估合价(元)
	其他材料费					—		—
	材料费小计					—		—

工程量清单综合单价分析表

表 5-25

工程名称： 标段： 第 页 共 页

项目编码	030703001002	项目名称	碳钢调节阀制作安装	计量单位	个	工程量	1

清单综合单价组成明细

定额编号	定额名称	定额单位	数量	单价(元)				合价(元)			
				人工费	材料费	机械费	管理费和利润	人工费	材料费	机械费	管理费和利润
9—62	手动对开多叶调节阀 1000mm× 400mm 制作	100kg	0.224	344.58	546.37	212.34	742.22	77.18	122.39	47.56	166.26
9—84	手动对开多叶调节阀 1000mm× 400mm 安装	个	1	10.45	15.32	—	22.51	10.45	15.32		22.51
人工单价			小 计					87.63	137.77	47.56	188.77
23.22元/工日			未计价材料费						—		
清单项目综合单价								461.67			

材料费明细	主要材料名称、规格、型号		单位	数量	单价(元)	合价(元)	暂估单价(元)	暂估合价(元)
	其他材料费					—		—
	材料费小计					—		—

工程量清单综合单价分析表

表 5-26

工程名称： 标段： 第 页 共 页

项目编码	030703001003	项目名称	碳钢调节阀制作安装	计量单位	个	工程量	2

清单综合单价组成明细

定额编号	定额名称	定额单位	数量	单价(元)				合价(元)			
				人工费	材料费	机械费	管理费和利润	人工费	材料费	机械费	管理费和利润
9—62	手动对开多叶调节阀 800mm× 400mm 制作	100kg	0.191	344.58	546.37	212.34	742.22	65.81	104.36	40.56	141.76
9—84	手动对开多叶调节阀 800mm× 400mm 安装	个	1	10.45	15.32	—	22.51	10.45	15.32	—	22.51
人工单价			小 计					76.26	119.68	40.56	164.27

续表

23.22 元/工日				未计价材料费				—			
清单项目综合单价								400.77			

材料费明细	主要材料名称、规格、型号			单位	数量	单价(元)	合价(元)	暂估单价(元)	暂估合价(元)
	其他材料费						—		—
	材料费小计								

工程量清单综合单价分析表　　　　　　　　　　　　　表 5-27

工程名称：　　　　　　　　　　标段：　　　　　　　　　　第　页　共　页

项目编码	030703001004	项目名称	碳钢调节阀制作安装	计量单位	个	工程量	1

清单综合单价组成明细

定额编号	定额名称	定额单位	数量	单　价(元)				合　价(元)			
				人工费	材料费	机械费	管理费和利润	人工费	材料费	机械费	管理费和利润
9－62	手动对开多叶调节阀 630mm×400mm 制作	100kg	0.165	344.58	546.37	212.34	742.22	56.86	90.15	35.04	122.47
9－84	手动对开多叶调节阀 630mm×400mm 安装	个	1	10.45	15.32	—	22.51	10.45	15.32		22.51
人工单价			小　　计					67.31	105.47	35.04	144.98
23.22 元/工日			未计价材料费					—			
清单项目综合单价								352.80			

材料费明细	主要材料名称、规格、型号			单位	数量	单价(元)	合价(元)	暂估单价(元)	暂估合价(元)
	其他材料费						—		—
	材料费小计								

工程量清单综合单价分析表　　　　　　　　　　　　　表 5-28

工程名称：　　　　　　　　　　标段：　　　　　　　　　　第　页　共　页

项目编码	030703001005	项目名称	碳钢调节阀制作安装	计量单位	个	工程量	1

清单综合单价组成明细

定额编号	定额名称	定额单位	数量	单　价(元)				合　价(元)			
				人工费	材料费	机械费	管理费和利润	人工费	材料费	机械费	管理费和利润
9－62	手动对开多叶调节阀 630mm×250mm 制作	100kg	0.137	344.58	546.37	212.34	742.22	47.21	74.85	29.09	101.68
9－84	手动对开多叶调节阀 630mm×250mm 安装	个	1	10.45	15.32	—	22.51	10.45	15.32	—	22.51

续表

人工单价		小　计			57.66	90.17	29.09	124.19
23.22 元/工日		未计价材料费			—			
清单项目综合单价					301.11			

材料费明细	主要材料名称、规格、型号		单位	数量	单价（元）	合价（元）	暂估单价(元)	暂估合价(元)
	其他材料费				—		—	
	材料费小计				—		—	

工程量清单综合单价分析表　　　　表 5-29

工程名称：　　　　　　　　　　标段：　　　　　　　　　第　页　共　页

项目编码	030703001006	项目名称	碳钢调节阀制作安装	计量单位	个	工程量	1

清单综合单价组成明细

定额编号	定额名称	定额单位	数量	单价（元）				合价（元）			
				人工费	材料费	机械费	管理费和利润	人工费	材料费	机械费	管理费和利润
9—62	手动对开多叶调节阀 500mm×400mm 制作	100kg	0.142	344.58	546.37	212.34	742.22	48.93	77.58	30.15	105.40
9—84	手动对开多叶调节阀 500mm×400mm 安装	个	1	10.45	15.32	—	22.51	10.45	15.32	—	22.51
人工单价		小　计						59.38	92.90	30.15	127.91
23.22 元/工日		未计价材料费						—			
清单项目综合单价								310.34			

材料费明细	主要材料名称、规格、型号		单位	数量	单价（元）	合价（元）	暂估单价(元)	暂估合价(元)
	其他材料费				—		—	
	材料费小计				—		—	

工程量清单综合单价分析表　　　　表 5-30

工程名称：　　　　　　　　　　标段：　　　　　　　　　第　页　共　页

项目编码	030703001007	项目名称	碳钢调节阀制作安装	计量单位	个	工程量	1

清单综合单价组成明细

定额编号	定额名称	定额单位	数量	单价（元）				合价（元）			
				人工费	材料费	机械费	管理费和利润	人工费	材料费	机械费	管理费和利润
9—62	手动对开多叶调节阀 400mm×400mm 制作	100kg	0.131	344.58	546.37	212.34	742.22	45.14	71.57	27.82	97.23
9—84	手动对开多叶调节阀 400mm×400mm 安装	个	1	10.45	15.32	—	22.51	10.45	15.32	—	22.51

人工单价		小　计			55.59	86.89	27.82	119.74
23.22元/工日		未计价材料费				—		
清单项目综合单价						290.04		

材料费明细	主要材料名称、规格、型号	单位	数量	单价（元）	合价（元）	暂估单价（元）	暂估合价（元）
	其他材料费				—		—
	材料费小计				—		—

工程量清单综合单价分析表　　　　　　　　　　表 5-31

工程名称：　　　　　　　　　　　标段：　　　　　　　　　　第　页　共　页

项目编码	030703001008	项目名称	碳钢调节阀制作安装	计量单位	个	工程量	1

清单综合单价组成明细

定额编号	定额名称	定额单位	数量	单价（元）				合价（元）			
				人工费	材料费	机械费	管理费和利润	人工费	材料费	机械费	管理费和利润
9—53	钢制蝶阀500mm×320mm制作	100kg	0.138	344.35	402.58	441.69	741.73	47.52	55.56	60.95	102.36
9—74	钢制蝶阀500mm×320mm安装	个	1	12.07	15.32	13.59	26.00	12.07	15.32	13.59	26.00
人工单价		小　计						59.59	70.88	74.54	128.36
23.22元/工日		未计价材料费						—			
清单项目综合单价								333.37			

材料费明细	主要材料名称、规格、型号	单位	数量	单价（元）	合价（元）	暂估单价（元）	暂估合价（元）
	其他材料费				—		—
	材料费小计				—		—

工程量清单综合单价分析表　　　　　　　　　　表 5-32

工程名称：　　　　　　　　　　　标段：　　　　　　　　　　第　页　共　页

项目编码	030703001009	项目名称	碳钢调节阀制作安装	计量单位	个	工程量	4

清单综合单价组成明细

定额编号	定额名称	定额单位	数量	单价（元）				合价（元）			
				人工费	材料费	机械费	管理费和利润	人工费	材料费	机械费	管理费和利润
9—53	钢制蝶阀400mm×320mm制作	100kg	0.121	344.35	402.58	441.69	741.73	41.67	48.71	53.44	89.75
9—73	钢制蝶阀400mm×320mm安装	个	1	6.97	3.33	8.94	15.01	6.97	3.33	8.94	15.01
人工单价		小　计						48.64	52.04	62.38	104.76
23.22元/工日		未计价材料费						—			

续表

清单项目综合单价				267.82			
材料费明细	主要材料名称、规格、型号	单位	数量	单价（元）	合价（元）	暂估单价(元)	暂估合价(元)
	其他材料费			—		—	
	材料费小计			—		—	

工程量清单综合单价分析表　　　　　　　　　表 5-33

工程名称：　　　　　　　　　标段：　　　　　　　　第　页 共　页

项目编码	030703001010	项目名称	碳钢调节阀制作安装	计量单位	个	工程量	1

清单综合单价组成明细

定额编号	定额名称	定额单位	数量	单　价（元）				合　价（元）			
				人工费	材料费	机械费	管理费和利润	人工费	材料费	机械费	管理费和利润
9-53	钢制蝶阀 400mm×250mm 制作	100kg	0.071	344.35	402.58	441.69	741.73	22.45	28.58	31.36	52.66
9-73	钢制蝶阀 400mm×250mm 安装	个	1	6.97	3.33	8.94	15.01	6.97	3.33	8.94	15.01
人工单价			小　计					31.42	31.91	40.30	67.67
23.22 元/工日			未计价材料费					—			
清单项目综合单价								171.30			

材料费明细	主要材料名称、规格、型号	单位	数量	单价（元）	合价（元）	暂估单价(元)	暂估合价(元)
	其他材料费			—		—	
	材料费小计			—		—	

工程量清单综合单价分析表　　　　　　　　　表 5-34

工程名称：　　　　　　　　　标段：　　　　　　　　第　页 共　页

项目编码	030703001011	项目名称	碳钢调节阀制作安装	计量单位	个	工程量	3

清单综合单价组成明细

定额编号	定额名称	定额单位	数量	单　价（元）				合　价（元）			
				人工费	材料费	机械费	管理费和利润	人工费	材料费	机械费	管理费和利润
9-53	钢制蝶阀 250mm×250mm 制作	100kg	0.056	344.35	402.58	441.69	741.73	19.28	22.54	24.73	41.54
9-73	钢制蝶阀 250mm×250mm 安装	个	1	6.97	3.33	8.94	15.01	6.97	3.33	8.94	15.01
人工单价			小　计					26.25	25.87	33.67	56.55
23.22 元/工日			未计价材料费					—			
清单项目综合单价								142.34			

续表

材料费明细	主要材料名称、规格、型号		单位	数量	单价（元）	合价（元）	暂估单价（元）	暂估合价（元）
	其他材料费					—		—
	材料费小计					—		—

工程量清单综合单价分析表   表 5-35

工程名称：   标段：   第 页 共 页

项目编码	030703001012	项目名称	碳钢调节阀制作安装		计量单位	个	工程量	7

清单综合单价组成明细

定额编号	定额名称	定额单位	数量	单 价（元）				合 价（元）			
				人工费	材料费	机械费	管理费和利润	人工费	材料费	机械费	管理费和利润
9—53	钢制蝶阀 200mm×160mm 制作	100kg	0.046	344.35	402.58	441.69	741.73	15.84	18.52	20.32	34.12
9—72	钢制蝶阀 200mm×160mm 安装	个	1	4.88	2.22	0.22	10.51	4.88	2.22	0.22	10.51
人工单价			小 计					20.72	20.74	20.54	44.63
23.22 元/工日			未计价材料费								
清单项目综合单价								106.63			

材料费明细	主要材料名称、规格、型号		单位	数量	单价（元）	合价（元）	暂估单价（元）	暂估合价（元）
	其他材料费					—		—
	材料费小计					—		—

工程量清单综合单价分析表   表 5-36

工程名称：   标段：   第 页 共 页

项目编码	030703007001	项目名称	碳钢风口制作安装		计量单位	个	工程量	3

清单综合单价组成明细

定额编号	定额名称	定额单位	数量	单 价（元）				合 价（元）			
				人工费	材料费	机械费	管理费和利润	人工费	材料费	机械费	管理费和利润
9—95	单层百叶 500mm×400mm 制作	100kg	0.032	828.49	506.41	10.82	1784.57	26.51	16.20	0.35	57.11
9—135	单层百叶 500mm×400mm 安装	个	1	10.45	4.30	0.22	22.51	10.45	4.30	0.22	22.51
人工单价			小 计					36.96	20.50	0.57	79.62
23.22 元/工日			未计价材料费					—			
清单项目综合单价								137.65			

续表

<table>
<tr><td rowspan="4">材料费明细</td><td>主要材料名称、规格、型号</td><td>单位</td><td>数量</td><td>单价
(元)</td><td>合价
(元)</td><td>暂估单
价(元)</td><td>暂估合
价(元)</td></tr>
<tr><td></td><td></td><td></td><td></td><td></td><td></td><td></td></tr>
<tr><td>其他材料费</td><td></td><td></td><td></td><td>—</td><td></td><td>—</td></tr>
<tr><td>材料费小计</td><td></td><td></td><td></td><td>—</td><td></td><td>—</td></tr>
</table>

工程量清单综合单价分析表　　表 5-37

工程名称：　　　　　　　　　　标段：　　　　　　　　　第　页　共　页

| 项目编码 | 030703007002 | 项目名称 | 碳钢风口制作安装 | 计量单位 | 个 | 工程量 | 2 |

清单综合单价组成明细

<table>
<tr><td rowspan="2">定额编号</td><td rowspan="2">定额名称</td><td rowspan="2">定额单位</td><td rowspan="2">数量</td><td colspan="4">单　价(元)</td><td colspan="4">合　价(元)</td></tr>
<tr><td>人工费</td><td>材料费</td><td>机械费</td><td>管理费和利润</td><td>人工费</td><td>材料费</td><td>机械费</td><td>管理费和利润</td></tr>
<tr><td>9-95</td><td>单层百叶 400
mm×400mm 制作</td><td>100kg</td><td>0.025</td><td>828.49</td><td>506.41</td><td>10.82</td><td>1784.57</td><td>20.71</td><td>12.66</td><td>0.27</td><td>44.61</td></tr>
<tr><td>9-135</td><td>单层百叶 400
mm×400mm 安装</td><td>个</td><td>1</td><td>10.45</td><td>4.30</td><td>0.22</td><td>22.51</td><td>10.45</td><td>4.30</td><td>0.22</td><td>22.51</td></tr>
<tr><td colspan="2">人工单价</td><td colspan="2">小　　计</td><td colspan="4"></td><td>31.16</td><td>16.96</td><td>0.49</td><td>67.12</td></tr>
<tr><td colspan="2">23.22 元/工日</td><td colspan="2">未计价材料费</td><td colspan="4"></td><td colspan="4">—</td></tr>
<tr><td colspan="4">清单项目综合单价</td><td colspan="4"></td><td colspan="4">115.73</td></tr>
</table>

<table>
<tr><td rowspan="4">材料费明细</td><td>主要材料名称、规格、型号</td><td>单位</td><td>数量</td><td>单价
(元)</td><td>合价
(元)</td><td>暂估单
价(元)</td><td>暂估合
价(元)</td></tr>
<tr><td></td><td></td><td></td><td></td><td></td><td></td><td></td></tr>
<tr><td>其他材料费</td><td></td><td></td><td></td><td>—</td><td></td><td>—</td></tr>
<tr><td>材料费小计</td><td></td><td></td><td></td><td>—</td><td></td><td>—</td></tr>
</table>

工程量清单综合单价分析表　　表 5-38

工程名称：　　　　　　　　　　标段：　　　　　　　　　第　页　共　页

| 项目编码 | 030703007003 | 项目名称 | 碳钢风口制作安装 | 计量单位 | 个 | 工程量 | 3 |

清单综合单价组成明细

<table>
<tr><td rowspan="2">定额编号</td><td rowspan="2">定额名称</td><td rowspan="2">定额单位</td><td rowspan="2">数量</td><td colspan="4">单　价(元)</td><td colspan="4">合　价(元)</td></tr>
<tr><td>人工费</td><td>材料费</td><td>机械费</td><td>管理费和利润</td><td>人工费</td><td>材料费</td><td>机械费</td><td>管理费和利润</td></tr>
<tr><td>9-95</td><td>单层百叶 400
mm×300mm 制作</td><td>100kg</td><td>0.022</td><td>828.49</td><td>506.41</td><td>10.82</td><td>1784.57</td><td>18.23</td><td>11.14</td><td>0.24</td><td>39.26</td></tr>
<tr><td>9-135</td><td>单层百叶 400
mm×300mm 安装</td><td>个</td><td>1</td><td>10.45</td><td>4.30</td><td>0.22</td><td>22.51</td><td>10.45</td><td>4.30</td><td>0.22</td><td>22.51</td></tr>
<tr><td colspan="2">人工单价</td><td colspan="2">小　　计</td><td colspan="4"></td><td>28.68</td><td>15.44</td><td>0.46</td><td>61.77</td></tr>
<tr><td colspan="2">23.22 元/工日</td><td colspan="2">未计价材料费</td><td colspan="4"></td><td colspan="4">—</td></tr>
<tr><td colspan="4">清单项目综合单价</td><td colspan="4"></td><td colspan="4">106.35</td></tr>
</table>

续表

	主要材料名称、规格、型号	单位	数量	单价 (元)	合价 (元)	暂估单 价(元)	暂估合 价(元)
材料费明细							
	其他材料费					—	—
	材料费小计					—	—

工程量清单综合单价分析表　　　　　　　　　　　表 5-39

工程名称：　　　　　　　　　　标段：　　　　　　　　　　第 页 共 页

项目编码	030703007004	项目名称	碳钢风口制作安装	计量单位	个	工程量	14

清单综合单价组成明细

定额 编号	定额名称	定额 单位	数量	单 价(元)				合 价(元)			
				人工费	材料费	机械费	管理费 和利润	人工费	材料费	机械费	管理费 和利润
9—96	双层百叶 200 mm×160mm 制作	100kg	0.018	1201.63	507.30	18.79	2588.31	21.63	9.13	0.34	46.59
9—133	双层百叶 200 mm×160mm 安装	个	1	4.18	2.47	0.22	9.00	4.18	2.47	0.22	9.00
人工单价			小　计					25.81	11.60	0.56	45.59
23.22 元/工日			未计价材料费					—			
	清单项目综合单价							85.56			

	主要材料名称、规格、型号	单位	数量	单价 (元)	合价 (元)	暂估单 价(元)	暂估合 价(元)
材料费明细							
	其他材料费					—	—
	材料费小计					—	—

工程量清单综合单价分析表　　　　　　　　　　　表 5-40

工程名称：　　　　　　　　　　标段：　　　　　　　　　　第 页 共 页

项目编码	030703007005	项目名称	碳钢风口制作安装	计量单位	个	工程量	8

清单综合单价组成明细

定额 编号	定额名称	定额 单位	数量	单 价(元)				合 价(元)			
				人工费	材料费	机械费	管理费 和利润	人工费	材料费	机械费	管理费 和利润
9—103	矩形风口 500 mm×400mm 制作	100kg	0.245	392.19	463.16	37.74	844.78	76.09	113.47	9.25	206.97
9—140	矩形风口 500 mm×400mm 安装	个	1	5.57	4.79	—	12.00	5.57	4.79	—	12.00
人工单价			小　计					101.66	118.26	9.25	218.97
23.22 元/工日			未计价材料费					—			
	清单项目综合单价							448.14			

续表

材料费明细	主要材料名称、规格、型号	单位	数量	单价(元)	合价(元)	暂估单价(元)	暂估合价(元)
	其他材料费					—	—
	材料费小计				—		—

工程量清单综合单价分析表　　　　　　　　　　　　　　表 5-41

工程名称：　　　　　　　　　　标段：　　　　　　　　　　第　页　共　页

项目编码	030703007006	项目名称	碳钢风口制作安装	计量单位	个	工程量	20

清单综合单价组成明细

定额编号	定额名称	定额单位	数量	单价(元)				合价(元)			
				人工费	材料费	机械费	管理费和利润	人工费	材料费	机械费	管理费和利润
9-103	矩形风口 400mm×400mm 制作	100kg	0.198	392.19	463.16	37.74	844.78	77.65	91.70	7.47	167.27
9-140	矩形风口 400mm×400mm 安装	个	1	5.57	4.79	—	12.00	5.57	4.79		12.00
人工单价			小　计					83.22	96.49	7.47	179.27
23.22元/工日			未计价材料费					—			
清单项目综合单价								366.45			

材料费明细	主要材料名称、规格、型号	单位	数量	单价(元)	合价(元)	暂估单价(元)	暂估合价(元)
	其他材料费					—	—
	材料费小计				—		—

工程量清单综合单价分析表　　　　　　　　　　　　　　表 5-42

工程名称：　　　　　　　　　　标段：　　　　　　　　　　第　页　共　页

项目编码	030703007007	项目名称	碳钢风口制作安装	计量单位	个	工程量	4

清单综合单价组成明细

定额编号	定额名称	定额单位	数量	单价(元)				合价(元)			
				人工费	材料费	机械费	管理费和利润	人工费	材料费	机械费	管理费和利润
9-103	矩形风口 320mm×250mm 制作	100kg	0.164	392.19	463.16	37.74	844.78	64.32	75.96	6.19	138.54
9-140	矩形风口 320mm×250mm 安装	个	1	5.57	4.79	—	12.00	5.57	4.79	—	12.00
人工单价			小　计					69.89	80.75	6.19	150.54
23.22元/工日			未计价材料费					—			
清单项目综合单价								307.37			

续表

材料费明细	主要材料名称、规格、型号		单位	数量	单价（元）	合价（元）	暂估单价（元）	暂估合价（元）
	其他材料费					—		—
	材料费小计					—		—

工程量清单综合单价分析表　　　　　表 5-43

工程名称：　　　　　　　　　　标段：　　　　　　　　　第 页 共 页

项目编码	030703007008	项目名称	碳钢风口制作安装	计量单位	个	工程量	5

清单综合单价组成明细

定额编号	定额名称	定额单位	数量	单价（元）				合价（元）			
				人工费	材料费	机械费	管理费和利润	人工费	材料费	机械费	管理费和利润
9—101	连动百叶 400mm×330mm 制作	100kg	0.035	972.45	506.61	291.71	2094.66	34.04	17.73	10.21	73.31
9—135	连动百叶 400mm×330mm 安装	个	1	10.45	4.30	0.22	22.51	10.45	4.30	0.22	22.51
人工单价			小　计					44.49	22.03	10.43	95.82
23.22 元/工日			未计价材料费					—			
清单项目综合单价								172.77			

材料费明细	主要材料名称、规格、型号		单位	数量	单价（元）	合价（元）	暂估单价（元）	暂估合价（元）
	其他材料费					—		—
	材料费小计					—		—

工程量清单综合单价分析表　　　　　表 5-44

工程名称：　　　　　　　　　　标段：　　　　　　　　　第 页 共 页

项目编码	030703007009	项目名称	碳钢风口制作安装	计量单位	个	工程量	9

清单综合单价组成明细

定额编号	定额名称	定额单位	数量	单价（元）				合价（元）			
				人工费	材料费	机械费	管理费和利润	人工费	材料费	机械费	管理费和利润
9—113	散流器 320mm×320mm 制作	100kg	0.074	811.77	584.07	304.80	1748.55	60.07	43.22	22.56	129.39
9—148	散流器 320mm×320mm 安装	个	1	8.36	2.58		18.01	8.36	2.58		18.01
人工单价			小　计					68.43	45.80	22.56	147.40
23.22 元/工日			未计价材料费					—			
清单项目综合单价								284.19			

续表

材料费明细	主要材料名称、规格、型号	单位	数量	单价（元）	合价（元）	暂估单价（元）	暂估合价（元）
	其他材料费				—		
	材料费小计				—		

工程量清单综合单价分析表　　　　表 5-45

工程名称：　　　　　　　　　标段：　　　　　　　　　第 页 共 页

项目编码	030703007010	项目名称	碳钢风口制作安装	计量单位	个	工程量	3

清单综合单价组成明细

定额编号	定额名称	定额单位	数量	单　价（元）				合　价（元）			
				人工费	材料费	机械费	管理费和利润	人工费	材料费	机械费	管理费和利润
9－113	散流器 250mm×250mm 制作	100kg	0.053	811.77	584.07	304.80	1748.55	43.02	30.96	16.15	92.67
9－147	散流器 250mm×250mm 安装	个	1	5.80	1.76	—	12.49	5.80	1.76	—	12.49
人工单价		小　计						48.82	32.72	16.15	105.16
23.22 元/工日		未计价材料费						—			
清单项目综合单价								202.85			

材料费明细	主要材料名称、规格、型号	单位	数量	单价（元）	合价（元）	暂估单价（元）	暂估合价（元）
	其他材料费			—		—	
	材料费小计			—		—	

工程量清单综合单价分析表　　　　表 5-46

工程名称：　　　　　　　　　标段：　　　　　　　　　第 页 共 页

项目编码	030701003001	项目名称	空调器	计量单位	台	工程量	1

清单综合单价组成明细

定额编号	定额名称	定额单位	数量	单　价（元）				合　价（元）			
				人工费	材料费	机械费	管理费和利润	人工费	材料费	机械费	管理费和利润
9－236	空调机组 K－D－1	台	1	48.76	2.92	—	105.03	48.76	2.92	—	105.03
人工单价		小　计						48.76	2.92	—	105.03
23.22 元/工日		未计价材料费						5000			
清单项目综合单价								5156.71			

材料费明细	主要材料名称、规格、型号	单位	数量	单价（元）	合价（元）	暂估单价（元）	暂估合价（元）
	空调器	台	1.000×1	5000	5000		
	其他材料费						
	材料费小计			—	5000	—	

工程量清单综合单价分析表

表 5-47

工程名称：　　　　　　　　　　　标段：　　　　　　　　　第 页 共 页

项目编码	030701003002	项目名称	空调器	计量单位	台	工程量	1

清单综合单价组成明细

定额编号	定额名称	定额单位	数量	单　价（元）				合　价（元）			
				人工费	材料费	机械费	管理费和利润	人工费	材料费	机械费	管理费和利润
9—236	空调机组 K—D—2	台	1	48.76	2.92	—	105.03	48.76	2.92	—	105.03
人工单价				小　计				48.76	2.92	—	105.03
23.22 元/工日				未计价材料费				5000			
清单项目综合单价								5156.71			

材料费明细	主要材料名称、规格、型号			单位	数量	单价（元）	合价（元）	暂估单价（元）	暂估合价（元）
	空调器			台	1.000×1	5000	5000		
	其他材料费					—			
	材料费小计					—	5000		

工程量清单综合单价分析表

表 5-48

工程名称：　　　　　　　　　　　标段：　　　　　　　　　第 页 共 页

项目编码	030701003003	项目名称	空调器	计量单位	台	工程量	1

清单综合单价组成明细

定额编号	定额名称	定额单位	数量	单　价（元）				合　价（元）			
				人工费	材料费	机械费	管理费和利润	人工费	材料费	机械费	管理费和利润
9—236	空调机组 K—D—3	台	1	48.76	2.92	—	105.03	48.76	2.92	—	105.03
人工单价				小　计				48.76	2.92	—	105.03
23.22 元/工日				未计价材料费				5000			
清单项目综合单价								5156.71			

材料费明细	主要材料名称、规格、型号			单位	数量	单价（元）	合价（元）	暂估单价（元）	暂估合价（元）
	空调器			台	1.000×1	5000	5000		
	其他材料费					—			
	材料费小计					—	5000		

工程量清单综合单价分析表

表 5-49

工程名称：　　　　　　　　　　　标段：　　　　　　　　　第 页 共 页

项目编码	030701003004	项目名称	空调器	计量单位	台	工程量	1

清单综合单价组成明细

定额编号	定额名称	定额单位	数量	单　价（元）				合　价（元）			
				人工费	材料费	机械费	管理费和利润	人工费	材料费	机械费	管理费和利润
9—235	立式新风机组 X—D—1	台	1	41.80	2.92	—	90.04	41.80	2.92	—	90.04
人工单价				小　计				41.80	2.92	—	90.04

续表

23.22 元/工日	未计价材料费				5000			
	清单项目综合单价				5134.76			

材料费明细	主要材料名称、规格、型号	单位	数量	单价（元）	合价（元）	暂估单价（元）	暂估合价（元）
	空调器	台	1.000×1	5000	5000		
	其他材料费			—	—	—	·
	材料费小计			—	5000	—	

工程量清单综合单价分析表　　　　　　　　　　　表 5-50

工程名称：　　　　　　　　　　　标段：　　　　　　　　　第　页　共　页

项目编码	030701004001	项目名称	风机盘管	计量单位	台	工程量	4

清单综合单价组成明细

定额编号	定额名称	定额单位	数量	单　价（元）				合　价（元）			
				人工费	材料费	机械费	管理费和利润	人工费	材料费	机械费	管理费和利润
9—245	FP—10	台	1	28.79	66.11	3.79	62.01	28.79	66.11	3.79	62.01
人工单价			小　计					28.79	66.11	3.79	62.01
23.22 元/工日			未计价材料费					2000			
	清单项目综合单价							2160.70			

材料费明细	主要材料名称、规格、型号	单位	数量	单价（元）	合价（元）	暂估单价（元）	暂估合价（元）
	风机盘管	台	1.000×1	2000	2000		
	其他材料费			—	—	—	
	材料费小计			—	2000	—	

工程量清单综合单价分析表　　　　　　　　　　　表 5-51

工程名称：　　　　　　　　　　　标段：　　　　　　　　　第　页　共　页

项目编码	030701004002	项目名称	风机盘管	计量单位	台	工程量	10

清单综合单价组成明细

定额编号	定额名称	定额单位	数量	单　价（元）				合　价（元）			
				人工费	材料费	机械费	管理费和利润	人工费	材料费	机械费	管理费和利润
9—245	FP—8	台	1	28.79	66.11	3.79	62.01	28.79	66.11	3.79	62.01
人工单价			小　计					28.79	66.11	3.79	62.01
23.22 元/工日			未计价材料费					2000			
	清单项目综合单价							2160.70			

材料费明细	主要材料名称、规格、型号	单位	数量	单价（元）	合价（元）	暂估单价（元）	暂估合价（元）
	风机盘管	台	1.000×1	2000	2000		
	其他材料费			—	—	—	
	材料费小计			—	2000	—	

217

工程量清单综合单价分析表

表 5-52

工程名称：　　　　　　　　　　　　标段：　　　　　　　　　第 页 共 页

项目编码	030701004003	项目名称		风机盘管		计量单位	台	工程量	4

清单综合单价组成明细

定额编号	定额名称	定额单位	数量	单　价（元）				合　价（元）			
				人工费	材料费	机械费	管理费和利润	人工费	材料费	机械费	管理费和利润
9－245	FP－6.3	台	1	28.79	66.11	3.79	62.01	28.79	66.11	3.79	62.01
	人工单价			小　计				28.79	66.11	3.79	62.01
23.22 元/工日				未计价材料费				2000			
	清单项目综合单价							2160.70			

材料费明细	主要材料名称、规格、型号	单位	数量	单价（元）	合价（元）	暂估单价（元）	暂估合价（元）
	风机盘管	台	1.000×1	2000	2000		
	其他材料费			—	—		
	材料费小计			—	2000		

工程量清单综合单价分析表

表 5-53

工程名称：　　　　　　　　　　　　标段：　　　　　　　　　第 页 共 页

项目编码	030108001001	项目名称		通风机		计量单位	台	工程量	1

清单综合单价组成明细

定额编号	定额名称	定额单位	数量	单　价（元）				合　价（元）			
				人工费	材料费	机械费	管理费和利润	人工费	材料费	机械费	管理费和利润
9－219	排风机 P－D－1	台	1	362.00	83.94	—	779.75	362.00	83.94	—	779.75
	人工单价			小　计				362.00	83.94	—	779.75
23.22 元/工日				未计价材料费				1200			
	清单项目综合单价							2425.69			

材料费明细	主要材料名称、规格、型号	单位	数量	单价（元）	合价（元）	暂估单价（元）	暂估合价（元）
	离心式通风机	台	1.000×1	1200	1200		
	其他材料费			—	—		
	材料费小计			—	1200		

工程量清单综合单价分析表

表 5-54

工程名称：　　　　　　　　　　　　标段：　　　　　　　　　第 页 共 页

项目编码	030108003001	项目名称		通风机		计量单位	台	工程量	2

清单综合单价组成明细

定额编号	定额名称	定额单位	数量	单　价（元）				合　价（元）			
				人工费	材料费	机械费	管理费和利润	人工费	材料费	机械费	管理费和利润
9－222	Pθ－40	台	1	34.83	2.40	—	75.02	34.83	2.40	—	75.02
	人工单价			小　计				34.83	2.40	—	75.02
23.22 元/工日				未计价材料费				800			

续表

清单项目综合单价						912.25			

<table>
<tr><td rowspan="4">材料费明细</td><td>主要材料名称、规格、型号</td><td>单位</td><td>数量</td><td>单价（元）</td><td>合价（元）</td><td>暂估单价（元）</td><td>暂估合价（元）</td></tr>
<tr><td>轴流式通风机</td><td>台</td><td>1.000×1</td><td>800</td><td>800</td><td></td><td></td></tr>
<tr><td>其他材料费</td><td></td><td></td><td>—</td><td></td><td>—</td><td></td></tr>
<tr><td>材料费小计</td><td></td><td></td><td>—</td><td>800</td><td>—</td><td></td></tr>
</table>

工程量清单综合单价分析表

表 5-55

工程名称：　　　　　　　　　　　标段：　　　　　　　　　第　页　共　页

项目编码	030108003002	项目名称	通风机	计量单位	台	工程量	1

清单综合单价组成明细

<table>
<tr><td rowspan="2">定额编号</td><td rowspan="2">定额名称</td><td rowspan="2">定额单位</td><td rowspan="2">数量</td><td colspan="4">单　价（元）</td><td colspan="4">合　价（元）</td></tr>
<tr><td>人工费</td><td>材料费</td><td>机械费</td><td>管理费和利润</td><td>人工费</td><td>材料费</td><td>机械费</td><td>管理费和利润</td></tr>
<tr><td>9—222</td><td>Pθ—09</td><td>台</td><td>1</td><td>34.83</td><td>2.40</td><td>—</td><td>75.02</td><td>34.83</td><td>2.40</td><td>—</td><td>75.02</td></tr>
<tr><td colspan="2">人工单价</td><td colspan="2">小　计</td><td colspan="4"></td><td>34.83</td><td>2.40</td><td></td><td>75.02</td></tr>
<tr><td colspan="2">23.22 元/工日</td><td colspan="2">未计价材料费</td><td colspan="4"></td><td colspan="4">800</td></tr>
<tr><td colspan="4">清单项目综合单价</td><td colspan="8">912.25</td></tr>
</table>

<table>
<tr><td rowspan="4">材料费明细</td><td>主要材料名称、规格、型号</td><td>单位</td><td>数量</td><td>单价（元）</td><td>合价（元）</td><td>暂估单价（元）</td><td>暂估合价（元）</td></tr>
<tr><td>轴流式通风机</td><td>台</td><td>1.000×1</td><td>800</td><td>800</td><td></td><td></td></tr>
<tr><td>其他材料费</td><td></td><td></td><td>—</td><td></td><td>—</td><td></td></tr>
<tr><td>材料费小计</td><td></td><td></td><td>—</td><td>800</td><td>—</td><td></td></tr>
</table>

工程量清单综合单价分析表

表 5-56

工程名称：　　　　　　　　　　　标段：　　　　　　　　　第　页　共　页

项目编码	030703020001	项目名称	消声器	计量单位	个	工程量	1

清单综合单价组成明细

<table>
<tr><td rowspan="2">定额编号</td><td rowspan="2">定额名称</td><td rowspan="2">定额单位</td><td rowspan="2">数量</td><td colspan="4">单　价（元）</td><td colspan="4">合　价（元）</td></tr>
<tr><td>人工费</td><td>材料费</td><td>机械费</td><td>管理费和利润</td><td>人工费</td><td>材料费</td><td>机械费</td><td>管理费和利润</td></tr>
<tr><td>9—200</td><td>单层阻抗 1250mm×400mm</td><td>100kg</td><td>0.01</td><td>365.71</td><td>585.05</td><td>9.27</td><td>787.74</td><td>3.66</td><td>5.85</td><td>0.093</td><td>7.88</td></tr>
<tr><td colspan="2">人工单价</td><td colspan="2">小　计</td><td colspan="4"></td><td>3.66</td><td>5.85</td><td>0.093</td><td>7.88</td></tr>
<tr><td colspan="2">23.22 元/工日</td><td colspan="2">未计价材料费</td><td colspan="8"></td></tr>
<tr><td colspan="4">清单项目综合单价</td><td colspan="8">17.48×95.50＝1669.34</td></tr>
</table>

<table>
<tr><td rowspan="3">材料费明细</td><td>主要材料名称、规格、型号</td><td>单位</td><td>数量</td><td>单价（元）</td><td>合价（元）</td><td>暂估单价（元）</td><td>暂估合价（元）</td></tr>
<tr><td>其他材料费</td><td></td><td></td><td>—</td><td></td><td>—</td><td></td></tr>
<tr><td>材料费小计</td><td></td><td></td><td>—</td><td></td><td>—</td><td></td></tr>
</table>

工程量清单综合单价分析表　　　　　　　　　　表 5-57

工程名称：　　　　　　　　　　标段：　　　　　　　　　　第　页　共　页

| 项目编码 | 030703020002 | 项目名称 | | | 消声器 | | 计量单位 | 个 | 工程量 | 1 |

| | | | | | 清单综合单价组成明细 | | | | | | | |

定额编号	定额名称	定额单位	数量	单　价(元)				合　价(元)			
				人工费	材料费	机械费	管理费和利润	人工费	材料费	机械费	管理费和利润
9—200	双层阻抗1250mm×400mm	100kg	0.01	365.71	585.05	9.27	787.74	3.66	5.85	0.093	7.88
人工单价		小　计						3.66	5.85	0.093	7.88
23.22 元/工日		未计价材料费						—			
	清单项目综合单价						17.48×191.00＝3338.68				

材料费明细	主要材料名称、规格、型号					单位	数量	单价(元)	合价(元)	暂估单价(元)	暂估合价(元)
	其他材料费							—		—	
	材料费小计							—		—